문화재

Biology for Cultural Heritage

생물학

정용재 지음

문화재 생물학

지은이 | 정용재
펴낸이 | 최병식
펴낸날 | 2014년 7월 3일 (2쇄)
펴낸곳 | 주류성출판사
　　　　서울시 서초구 강남대로 435 (서초동 1305-5)
　　　　전화 : 02)3481-1024 | 팩스 : 02)3482-0656
　　　　www.juluesung.co.kr | juluesung@daum.net

책값 20,000원

잘못된 책은 교환해 드립니다.

ISBN 978-89-6246-110-7　93470

문화재

Biology for Cultural Heritage

생물학

정용재 지음

머리말

    선조들에게 물려받은 문화유산을 보존하고 계승하기 위한 사명감으로 문화재를 과학적으로 보존처리하고 복원하는 일은 매우 중요하다. 이를 위해서는 문화재의 재질을 이해하고 손상의 원인을 탐구하는 과학적인 접근이 필요하다. 보존과학은 우리의 문화유산의 역사적 가치를 밝히는 고고학과 미술사학을 기초로 하여 문화재의 재질적인 특성을 규명하는 데 필요한 재료공학, 물질의 변성을 연구하는 화학, 생물로 인한 피해를 막는 생물학 등 매우 다양한 영역의 지식을 필요로 하는 종합적인 학문이다.

    초기의 보존과학은 문화재를 원형에 가깝게 복원하기 위한 보존처리가 위주였으나, 최근에는 문화재의 손상 원인을 탐구하고 주변 환경으로부터 문화재를 안정적으로 보존하고자 하는 연구가 이루어지고 있다. 특히 최근에는 지구온난화라는 이상기후현상으로 생태계의 변화가 발생하고 있고, 이로 인해 한반도 내에서도 곤충이나 미생물에 의한 문화재 손상이 증가하고 있다. 환경의 변화로 인한 새로운 종의 생물이 유입되고 번식하고 있으며, 이러한 특성으로 인하여 생물학적 피해는 소규모가 아닌 거시적으로 발생하고 있다. 이러한 생물학적인 손상으로부터 문화재를 지켜내기 위해서는 손상 원인이 되는 곤충이나 미생물의 기초적인 이해뿐만 아니라 가해 특성에 대한 지식의 습득이 필요하다.

이 책은 크게 6장으로 구성되었으며, 문화재에 발생하는 생물손상의 이해를 위해 가해생물의 특성에서부터 문화재의 손상을 막기 위한 관리방안을 재질별로 서술하였다. 1장에서는 문화재를 가해하는 곤충과 미생물을 이해하고 이러한 생물원이 문화재 재질을 가해하게 되는 환경적인 요인에 대해 서술하였다. 2장에서는 유기재질인 지류문화재와 섬유문화재에서 발생하는 생물손상을 설명하고 이에 대한 관리방법을 서술하였다. 3장과 4장에서는 야외 목조건축물에 발생하는 흰개미를 비롯한 다양한 생물학적 피해 사례를 다루었다. 5장과 6장에서는 무기물인 석재나 흙으로 만든 석조문화재, 고분으로부터 발생할 수 있는 생물학적 손상요인에 대해 서술하였다.

특히 문화재 보존환경과 관리에 관심이 많은 학생들이 생물학이라는 학문에 쉽게 접근할 수 있도록 기초적인 정보를 포함하였고, 실제 문화재의 생물에 의해 피해 사례를 소개하고자 노력하였다. 이 책을 통해 보존과학을 공부하는 학생들이 문화재의 보존에 있어 생물학이라는 학문의 이해가 밑바탕이 되어야한다는 것을 체감하고 지식을 얻을 수 있는 참고서가 되기를 바란다.

마지막으로 보존과학이라는 학문 안에서 문화재를 지키기 위한 열정과 노력으로 함께 걸어 나가고 있는 국립문화재연구소 이규식 실장님, (주)해성문화재보존의 김윤주 대표님, 원고의 편집 과정에서 도움을 준 문화재예방보존연구소 이민영 연구원과 유기재료보존연구실 제자들에게 감사의 말을 전한다. 그리고 이 책이 출간되도록 도와주신 주류성출판사 담당자에게도 감사드린다.

목차

/ 제1장 /
생물손상의 이해

　　문화재는 시간이 경과하면서 주위 환경에 따라 점차 원형이 변형되고 재질의 일부 또는 전부가 변질되는 손상을 입게 된다. 문화재의 손상요인은 매우 다양하나 크게 인위적인 손상(전쟁, 인재, 사고, 잘못된 복원 등)과 자연적인 손상(빛, 열, 수분, 공기, 천재지변)으로 나눌 수 있다. 생물손상이란 자연적인 손상 중에서 충이나 균과 같은 생물적 요인들로 인해 발생하는 것을 말한다. 오랜 시간이 지나면서 문화재의 재질이 약화되어 생물피해를 받게 되면 다른 요인에 의한 것보다 손상 비중이 클 뿐만 아니라 원형 복원이 불가능하기 때문에 생물이 번식하지 않도록 철저한 예방이 이루어져야 한다.

1.1 문화재의 생물손상

문화재를 가해하는 생물은 크게 곤충과 미생물로 나뉠 수 있다. 곤충 또는 미생물은 생장 조건만 맞으면 급격히 번식하여 피해가 증대되기 때문에 조기에 발견하는 것이 매우 중요하다. 생물의 생장에는 물(습기), 영양분, 공기, 온도, 빛 등 일정한 조건이 필요하다. 생육조건은 생물에 따라 다르지만 일반적으로 고온다습한 환경을 선호하며, 통기가 나쁘고 눈이 미치지 않는 곳에서 번식하는 것이 많다. 생물은 먹이사슬로 연결되어 있기 때문에 문화재에 직접적으로 피해를 입히지 않는 생물이라도 해충의 먹이가 되어 문화재 가해 해충을 유인하는 원인이 될 수 있다.

문화재를 가해하는 해충에는 좀목, 바퀴목, 흰개미목, 메뚜기목(곱등이과, 귀뚜라미과), 다듬이벌레목, 딱정벌레목(수시렁이과, 개나무좀과, 넓적나무좀과, 빗살수염벌레과, 표본벌레과, 하늘소과, 바구미과, 왕바구미과), 벌목(구멍벌과, 개미과), 파리목, 나비목(곡식좀나방과) 등이 있으며, 유충이나 성충이 각종 재질의 문화재를 가해한다. 문화재 가해 해충은 재질의 표면에서 살아가는 해충과 일생의 대부분을 재질의 내부에서 살아가는 해충으로 나눌 수 있다. 또한 유충, 번데기, 성충으로의 성장과정을 거치는 곤충 중에는 환경조건과 식성이 변하는 것이 많아 발견과 제어하는 방법도 다르다.

곰팡이 포자는 건조한 환경에서도 오래 살아남고, 먼지와 함께 공기중에 부유하면서 적당한 온습도 환경과 영양분이 있는 조건에서 성장하여 주위로 퍼져나간다. 곰팡이는 재질로부터 양분을 섭취하기 위해 산이나 색소를 내뿜어 재질의 표면을 손상시키기 때문에 곰팡이의 발생을 예방하는 것이 최우선이다. 이를 위해서는 습도관리와 청결을 유지하는 것이 가장 좋은 방법이다. 곰팡이가 발생했을 때에는 적절한 방법으로 제거해야 한다. 유물이 없는 환경에서 곰팡이가 발생한 경우에도 곰팡이를 먹이로 하는 곤충을 끌어들이기 때문에 제거해야 한다.

유기질문화재의 생물손상 원인

분 류	원 인	특징 및 양상
미생물 손상	세균, 진균	부후, 변색
곤충 손상	곤충	충해, 천공
해양천공 손상	해양천공충, 균	천공, 식해

1.2 환경요인

실내 환경은 순환하는 공기를 주성분으로 하는 하나의 대기후이다. 우리는 보통 실내를 순환하는 공기의 온도와 상대습도를 모니터링한다. 그러나 서랍, 상자, 선반의 밑바닥, 전시케이스 내부처럼 유물의 주변은 거시환경과는 또 다른 미시환경 혹은 소구역(local areas)으로 이루어져 있다. 미시환경은 유물의 표면에 곤충이나 곰팡이의 성장에 가장 큰 영향을 미치는 환경이다.

1) 온도

온도는 뜨겁거나 찬 정도를 섭씨(centigrade scales)와 화씨

(fahrenheit scales)로 나타낸 것이다. 섭씨온도는 물의 어는 점(0℃) 과 끓는 점(100℃) 사이를 100단위로 나눈다. 화씨온도는 0℃가 32°F, 100℃가 212°F에 해당한다. 온도의 차이는 열의 양이 다르기 때문에 발생하며, 미시환경 내에서의 미묘한 온도 차이는 습도와 연관되어 문화재의 재질에 영향을 줄 수 있다. 거시환경을 순환하는 공기의 온도는 공기조화로 변화시킬 수 있으며, 옥외의 온도에 의해 영향을 받는다. 온도 변화는 방열기, 전구, 전기기구와 같은 작은 열원으로부터 시작되고, 열의 확산은 공기의 순환에 의해 이루어진다. 문화재 재질은 표면의 색에 따라 열을 흡수한다. 검은 표면은 광원으로부터 적외선을 흡수하고, 흰 표면은 반사한다. 그러므로 문화재 재질이나 그 주변에 인접한 물체의 색은 주변 미시환경의 온도에 영향을 주게 된다.

미시환경 내에서의 미세한 온도 차이는 습도와 연계되어 문화재의 재질에 영향을 줄 수 있다. 곤충의 행동, 성장 및 번식에 있어서 온도는 가장 중요한 인자이다. 곤충 종류별로 차이가 있기는 하지만, 온도가 2℃ 상승할 경우 한 계절에 1~5번의 생육주기가 증가하게 된다. 이는 기온이 상승하면 곤충의 수가 증가한다는 것을 의미한다. 따라서 유물이 존재하는 실내 환경의 온도가 급격하게 상승하지 않도록 주의해야 한다.

2) 습도

습도란 대기 중의 수증기량을 말하며, 절대습도와 상대습도로 나타낸다. 절대습도는 일정한 공기 중에 포함된 수증기량이며, 상대습도는 포화수증기량에 대한 현재 수증기량의 비율이다. 온도와 상대습도는 밀접하게 연결되어 있다. 상대습도는 주어진 부피의 공기 내에서 최대보유량에 대한 현재 수증기의 %로 측정한다. 새로운 수증기가 들어오지 않고 밀폐된 공간, 즉 밀폐된 진열장에서는 온도만으로 상대습도를 변화시킬 수 있으며, 공기 중의 수증기량은 같다.

수증기는 수분을 함유하고 있는 재질에서 수분이 많은 지역에서 적은 지역으로 평형을 이룰 때까지 확산구배(diffusion gradient)에 따라 공기 중으로 이동한다. 이 과정에서 목재, 지류, 섬유류 등의 유기재질은 대기 중의 습도변화에 따라 수분을 흡수하거나 방출하게 되는데, 이로 인해 문화재의 생물손상이 가속화되거나 줄어들 수 있다.

문화재의 유기재료가 수증기를 포함한 환경에 노출되면 평형수분량(Equilibrium Moisture Content, EMC)이라고 하는 비교적 안정된 수분조건에 도달하게 된다. EMC는 주변 공기의 상대습도와 온도, 재료의 물리적 조건에 좌우된다. 일반적으로 온도의 증가는 EMC를 감소시키고, 상대습도의 증가는 EMC를 증가시킨다. 온도와 상대습도를 둘 다 변화시킴으로써 재질은 일정한 EMC를 유지할 수 있다. 만약 공기보다 유기재료 내에 수분이 많다면 확산구배를 통해 수분이 재료를 빠져나가 공기 중으로 확산된다. 반대로 공기의 온도가 떨어지면 공기 중의 과도한 물은 평형에 도달할 때까지 재질 속으로 유입된다. 재질 속에 있는 물과 공기 중의 물이 평형을 이루는 것이 EMC이다.

유기재료 안에 포함된 수분은 크게 자유수와 결합수로 나뉠 수 있다. 자유수는 유기재료 내부를 이동하는 수분이며 결합수는 유기재료를 구성하는 분자들에 결합되어 있는 물이다. 유기재료를 건조한 조건에 두면 자유수가 먼저 증발되며, 그 후 수소결합으로 이루어진 결합수가 제거된다. 결합수가 방출되기 위해서는 결합강도에 상당하는 열에너지를 필요로 한다. 따라서 유기재료에 포함된 수분 중 가장 제거하기 어려운 물은 화학적으로 결합된 물이다. 유기재료에서 수분에 의한 무게변화는 유기재료 내부를 이동하고 있는 물이 재질 밖으로 빠져나가면서 발생한다. 상대습도의 증가로 수분이 재료 속에 흡착되고, 상대습도의 감소로 다시 탈착되었을 때 탈착율은 흡착율보다 상당히 늦다. 이러한 유기재료의 특성을 히스테릭흡수곡선(hysteresis sorption curve)이라 한다. 습기를 머금은 재료를 건조시킬 때 히스테리시스 과정을 인식하는 것은 중요하다. 유기재료에 포함된 수분이 평형을 이루고 있다고 하더라도, 실제로 우리가 예상하는 것보다 높은 EMC를 갖고 있어 곤충이나 곰팡이의 공격을 받기 쉽다.

재료 속에 있는 물과 공기 중에 있는 물은 항상 평형을 이루기 때문에 대기 중의 습도가 높아지면 재질이 포함하는 수분이 증가하게 된다. 재질이 수분을 머금어 유연해지면 해충이 섭식하기 좋은 조건이 되기 때문에 장마철 등 비가 많이 오는 시기에는 습도가 높아지지 않도록 주의해야 한다. 또한 습도가 너무 낮을 경우에는 생물의 번식을 피할 수 있으나 유물의 재질이 건조해져 바스라지거나 갈라질 수 있기 때문에 적정한 습도를 유지하는 것이 중요하다. 전시 케이스나 실내에는 디지털온습도계를 설치하여 주기적으로 습도를 확인하고, 가습기 또는 제습기를 가동하여 50~60% 사이의 습도를 유지하도록 한다.

3) 빛과 광선

빛은 시신경을 자극하여 물체를 볼 수 있게 하는 전자기파의 일종으로서, 파동과 입자의 성질을 동시에 가진다. 빛을 통해 문화재를 감상할 수 있지만, 동시에 빛으로 인해 문화재가 손상되거나 다른 요인과 복합적으로 작용하여 손상을 가속화시키기도 한다. 가정집이나 박물관에서, 빛은 태양과 전구로부터 유래한다. 사람의 눈은 400~700nm의 가시광선만 인식할 수 있다. 그러나 사람의 몸은 고에너지의 짧은 자외선 파장(400nm 이하)과 저에너지의 긴 적외선 파장(700nm 이상)에 반응한다. 유물의 재질은 자외선과 적외선 열 파장에 의한 손상뿐만 아니라 대부분의 광선에서 변질을 일으킬 수 있다.

빛은 곤충의 행동과 곰팡이의 성장에 중요한 역할을 한다. 일부 성충은 적외선과 자외선을 구분할 수 있으며, 빛에 끌린다. 그러나 대부분의 유충은 빛을 싫어해 재질의 내부에서 성장한다. 목조문화재를 가해하는 흰개미는 빛을 싫어해 어두운 곳에서 활동하므로 재질 내부의 손상 여부를 확인하기 힘들다. 곰팡이 또한 성장 과정에서 빛의 영향을 받는다. 어떤 종의 곰팡이는 빛을 받았을 때 색소를 형성하지만, 다른 것은 그렇지 않다. 미생물학에서 자외선은 미생물을 죽이는 데 사용되어 왔지만 미생물을 제거하기 위해 사용한 자외선이 오히려 문화재의 유기재질을 손상시킬 수 있다. 실내 환경 중 어두운 곳은 곤충뿐만 아니라 곰팡이가 번식하기 좋은 환경이므로 생물이 번식하고 있는지를 주기적으로 확인하도록 한다.

1.3 유기질문화재의 재질적 특성

　모든 살아있는 생명체는 탄소(carbon)를 포함한 유기물인 탄소화합물로 이루어져 있다. 탄소는 4개의 다른 원자와 결합하여 다양한 분자를 형성할 수 있으며, 탄소원자와 다양한 원자들이 연결되어 DNA, 탄수화물, 단백질 등 생명체에서 볼 수 있는 다양한 분자들을 구성한다. 특히 모든 생명체에 필수적으로 존재하는 탄수화물(carbohydrate), 지질(lipid), 단백질(protein), 핵산(nucleic acid)은 분자수준에서 매우 크기 때문에 이들을 고분자(macromolecule)라고 부른다. 우리가 흔히 유기질문화재라고 부르는 유물은 그 재질이 목재, 종이 등의 식물성인 것과 견, 가죽 등의 동물성인 것으로 나눌 수 있다. 식물성 재질은 셀룰로오스 고분자로 이루어진 탄수화물이 그 뼈대가 되고, 동물성 재질의 유물은 질소를 포함한 고분자인 단백질로 이루어져 있다.

1) 식물성 재질(탄수화물)

　당(sugar)과 당의 중합체인 다당류를 모두 탄수화물(carbohydrate)이라고 한다. 단당류(monosaccharide)는 $[CH_2O]_n$ 분자식을 가지며, 카르보닐기(-C=O)와 수산기(-OH)를 포함한다. 대표적으로 포도당($C_6H_{12}O_6$, glucose)이 있다. 탈수반응에 의해 두 단당류 사이에서 형성되는 공유결합인 글리코시드(glycosidic linkage) 결합을 통해 이당류(disaccharide)를 만들고, 수백~수천 개의 단당류

문화재 생물학

가 글리코시드 결합으로 연결된 중합체인 다당류(polysaccharides)를 만든다. 이러한 탄수화물 중 건축물, 공예품에 사용된 목재, 면, 삼베 등 식물성 섬유, 그리고 종이 등을 구성하는 중요 고분자는 셀룰로오스이다.

■ 셀룰로오스

셀룰로오스($[C_6H_{10}O_5]_n$, cellulose)는 식물세포 세포벽의 주 구성성분이며, 셀룰로오스는 생명체의 구조를 견고하게 유지해주는 구조 다당류로, 지구상에서 가장 풍부한 유기물질이다.

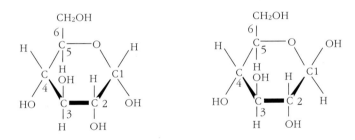

글루코오스의 구조

포도당의 고리구조에서 1번 탄소에 붙는 수산기가 붙는 위치에 따라 두 가지의 고리구조가 존재한다. β형의 포도당 단위체 1번 탄소에 붙어 있는 수산기(-OH)와 다른 β형 단위체의 4번 탄소에 붙어 있는 수산기 사이에서 물이 분리 되면서 두 개의 포도당은 β-글루코시드 결합(β-glycosidic linkage)에 의해서 셀로비오스(cellobiose)가 되고, 수백~수천 개의 포도당이 결합되면 셀룰로오스가 된다. 이때 셀룰로오스는 β형의 포도당 단위체가 이웃한 단위체와 뒤집혀 위치하게 된다. 약 12,000여 개의 포도당 단위체가 결합된 셀룰로오스 분자는 다른 셀룰로오스 분자의 수산기와 수소결합을 통해 미세섬유(microfibril)를 형성하며, 이 구조물은 식물세포를 지지하는 견고한 구조적 틀이 된다.

셀룰로오스의 구조

2) 동물성 재질(단백질)

모든 단백질은 20개 아미노산이 기능에 따라 다양하게 결합되어 특정한 3차원 구조로 되어있는 폴리펩티드(polypeptide)이다. 단백질은 그 기능에 따라 구조 단백질, 저장 단백질, 운반 단백질, 효소 등 다양한 종류로 나눌 수 있으며, 특히 유기질문화재에서 볼 수 있는 동물성 섬유, 가죽, 동물의 뼈 등은 구조 단백질에 속한다.

단백질의 기본 단위체가 되는 아미노산(amino acid)은 카르복실기(-COOH)와 아미노기(-NH₂)기를 가지며, 곁사슬인 R기에 따라 각각 다른 아미노산으로 명명된다. 아미노산의 카르복실기와 다른 아미노산의 아미노기에서 탈수반응에 의해 생긴 공유결합인 펩티드결합(peptide bond)을 통해 중합체가 연결된다. 모든 단백질은 구조적으로 보았을 때 총 4단계로 이루어진다. 1차 구조(primary structure)는 유전적 정보에 의해 결정되는 아미노산의 고유한 서열을 의미한다. 서열이 결정된 단백질에는 폴리펩티드 골격 내에서 구성요소 간의 수소 결합에 의해 꼬임과 접힘 등의 2차 구조(secondary structure)를 형성한다. 또한 아미노산의 곁사슬인 R기 간의 소수성 상호작용(hydrophobic interaction)에 의해 2차 구조가 중첩되어 나타나는 3차 구조(tertiary structure)를 형성하며, 이를 통해 각각의 단백질마다 고유의 독특한 형태를 갖게 된다. 4차 구조(quaternary structure)는 3차 구조로 이루어진 폴리펩티드의 소단위체가 2개 이상 모여 기능적인 고분자를 이루는 것을 말한다.

$$H_2N - \underset{\underset{R}{|}}{\overset{\overset{H}{|}}{C}} - COOH$$

아미노산 구조

$$H_2N - \underset{\underset{R}{|}}{\overset{\overset{H}{|}}{C}} - CO\,[OH+H]\,NH - \underset{\underset{R'}{|}}{\overset{\overset{H}{|}}{C}} - COOH \longrightarrow H_2N - \underset{\underset{R}{|}}{\overset{\overset{H}{|}}{C}} - CONH - \underset{\underset{R'}{|}}{\overset{\overset{H}{|}}{C}} - COOH + H_2O$$

디펩티드 결합

동물성 섬유인 견은 누에고치의 섬유를 구성하는 섬유상 단백질이며, 7~80%의 피브로인(fibroin)과 2~30%의 세리신(sericin)으로 구성된다. 면양의 털인 양모는 펩타이드 결합 이외에도 곁사슬로 설파드릴기(-SH)를 가지는 시스테인 2분자가 결합한 이황화물 결합(disulfide bridge)을 함유하는 케라틴(keratin)으로 구성된다.

제1장 생물손상 이해

/ 제2장 /
유기질문화재 생물손상

유기질문화재란 지류, 섬유류, 목재와 같이 식물이나 동물 등의 생명체에서 유래한 재료로 만들어진 문화재를 말한다. 이들 유기질문화재는 전적류나 서화류, 복식류, 목조각류 등 동산 문화재의 대다수를 차지하고 있다. 목조건축물은 복합 재질로 이루어졌으나 주재료가 나무이므로, 목조건축물 또한 유기질문화재에 포함될 수 있다.

유기질문화재는 다양한 요인들에 의해 손상되지만 물리적·화학적·인위적 요인보다 생물학적 요인에 의해 주로 손상된다. 이는 유기질문화재의 재질이 목재와 같은 천연 재료에서 유래되어 충균의 영양원과 서식지로 활용되기 때문이다.

섬유류 유물에는 식물성 재료로 만들어진 면, 모시, 삼베와 동물성 재료로 만들어진 비단, 가죽 등이 있다. 식물성 섬유는 주로 미생물에 의해 손상되고 동물성 섬유는 해충에 의해 손상된다. 또한 해충이나 미생물의 배설물, 곰팡이 포자 등에 의해 황갈색으로 변색되기도 한다. 섬유류 유물은 크게 복식 유물과 직물류를 비롯하여 천에 그린 그림이나 글씨, 각종 일상 용품 등 그 종류가 다양하다. 우리나라에 전래되어 내려오는 대부분의 섬유류 유물들은 무덤에서 출토된 것과 절에 불복장된 것, 그리고 후손들에게 전세되어 내려온 것이다. 불복장 유물이나 전세 유물은 출토 유물에 비하여 섬유의 상태나 염색 상태가 아주 양호해서 섬유류 유물에 있어 보존 환경이 얼마나 중요한가를 잘 알 수 있게 해 준다.

　　가죽이란 대개 날가죽(원피, 생가죽)으로 된 것과 무두질한 가죽을 총칭하며, 모피를 포함한다. 이들 가죽류 유물은 동물성 유기물이므로 시간의 경과와 수분 흡수에 따라서 가죽의 손상이 일어나 딱딱하게 변하거나 냄새가 난다. 또한 그 자체가 해충과 곰팡이의 영양원이 되거나 충해를 입기 쉽다.

유기질문화재(왼쪽 : 지류 유물, 오른쪽 : 섬유류 유물)

2.1 생물손상의 요인

1) 가해해충

고서적의 최대 해충은 빗살수염벌레(권연벌레)이며, 그 다음이 책좀(Book worm)이다. 또한 최근에는 바퀴벌레(cockroach)의 피해가 많이 대두되는 것으로 보고되고 있다. 빗살수염벌레(권연벌레)는 지류 유물 내부를 관통하여 터널상의 식흔을 만든다. 피해가 진행 되면 식흔 부분이 접합되어 페이지가 펼쳐지지 않는 경우도 있다. 책좀은 대표적인 서적 가해곤충으로 알려져 있지만 실제로는 서적의 풀이 부착된 부분을 표면적으로 가해할 뿐 내부를 가해하지는 않는다. 바퀴벌레도 마찬가지이나 배설물에 의한 오염이 심하다.

충해는 지류문화재의 손상 원인 중 가장 중요한 비중을 차지하고 있다. 과거 서적과 지류를 가해하는 해충은 대부분 좀벌레(silver fish)가 대부분인 것으로 생각하였다. 그러나 최근 들어 딱정벌레목 중 빗살수염벌레과(권연벌레, Anobiidae)에 속하는 곤충이 주원인으로 밝혀지고 있고, 개나무좀과(Bostrychidae)의 곤충도 가해하는 것으로 보고된다.

완전 변태의 곤충은 알, 유충, 번데기, 성충 등 4단계의 성장 과정을 거치게 되는데 특히 유충기의 상태에서 섬유질을 가해하는 기간이 가장 길다. 대표적인 가해곤충으로는 나비목에 속하는 Casemaking clothes moth(학명: *Tineolla pellionella*), Webbing clothes moth(학명: *Tineolla biselliella*), 딱정벌레목에 속하는 Varied carpet

제2장 유기질문화재 생물손상

bettle(학명: *Anthrenus verbasci*), 좀목에 속하는 좀벌레(학명: *Lepis saccharina*) 등이 있다. 곤충에 의한 섬유질 문화재의 피해발생은 보존환경의 온·습도, 광선의 조건에 따라 손상 속도가 달라진다. 습도와는 관계없이 기온이 10℃ 이하일 경우 곤충에 의한 식해를 관찰할 수 없다. 온도의 상승에 따라 곤충에 의한 식흔이 증가되는데, 25~30℃에서 피해가 관찰되며 상대습도가 75% 정도일 때 최대 피해가 발생한다. 좀벌레(silver fish)의 경우 온도가 30℃에서 15℃로 낮아질 경우 섬유질의 식해량이 줄어든다. 또한 온도가 10℃이면 식해 활동이 극단적으로 감소되고, 습도가 30%일 경우 건조한 상태로 남아 곤충의 식해를 받지 않게 된다.

유기질문화재의 생물손상(가해해충에 의한 손상)

문화재 재질에 따른 가해곤충의 종류

문화재 재질		가해곤충	비고
식물성재질	목조(건물의 목부재)	흰개미목, 딱정벌레목, 벌목	
	목재(목조불상, 병풍 등 소형문화재)	딱정벌레목, 흰개미목, 벌목, 나비목	
	지류	딱정벌레목, 좀목, 나비목, 귀뚜라미목, 다듬이벌레목, 벌목, 흰개미목, 파리목	
	섬유류	좀목, 바퀴벌레목, 딱정벌레목 귀뚜라미목	
	건조식물	딱정벌레목, 좀목	
동물성재질	피혁류	딱정벌레목, 나비목, 좀목, 다듬이벌레목	
	모직류	나비목, 딱정벌레목, 좀목	
	견류	바퀴벌레목, 좀목	
기타	문화재의 오염(얼룩 등)	좀목, 파리목, 벌목	

제2장 유기질문화재 생물손상

문화재 가해 곤충

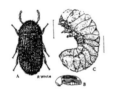

권연벌레
(*Stegobium paniceum*)
- 딱정벌레목 빗살수염벌레과

넓적나무좀벌레
(*Lyctus brunneus*)
- 딱정벌레목 개나무좀과

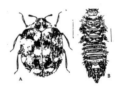

Varied carpet beetle
(*Anthrenus verbasci*)
- 딱정벌레목

바퀴벌레
(*Blattella germanica*)
- 바퀴벌레목

먼지다듬이벌레
(*Leposelis corrodens*)
- 다듬이벌레목

일본흰개미
(*Reticulitermes sparatus*)
- 흰개미목

casemaking clothes moth
(*tineolla pellionella*)
- 나비목

좀벌레
(*Lepisma saccharina*)
- 좀벌레목

알락곱등이
(*Diestrammena japonica*)
- 메뚜기목

- 파리(파리목)

목재를 가해하는 곤충은 목재의 함수율에 따라 건재 해충, 생원목 해충, 습재 해충으로 분류할 수 있다. 곤충은 생입목에서부터 쇠약목, 벌목 직후의 생원목, 건조목재에 이르기까지 그 공격의 범위가 매우 넓다. 소나무를 박피하지 않고 자연 상태에서 건조시키거나 방치할 경우 곤충의 피해는 계속된다. 벌채한 소나무를 완전히 건조시켜 사용하지 않은 목재에서 곤충이 탈출하거나, 발육이 늦은 천공충의 성충이 건축 후 오랜 시간이 경과된 목재에서 탈출하는 경우도 있다. 또한 완전히 건조한 소나무는 빗살수염벌레, 하늘소 등의 피해를 받을 수 있으며, 기둥, 들보 등 건축 부재로 사용하고 있는 소나무가 습기와 접촉된 상태를 오래 유지하고 있을 경우 흰개미의 피해를 받게 된다. 이와 같이 생입목 상태의 소나무에서 건조 상태의 제재목, 판재 및 건축 부재에 이르기까지, 소나무는 다양한 곤충의 공격에 끊임없이 노출되어 있다. 우리나라에서 나무에 해를 주는 벌레는 여러 종류가 있지만 널리 알려진 것으로는 가루나무좀벌레, 흰개미 등이며 역시 습기가 많은 부위에서 발생한다. 충해 발생 여부는 청소를 하고 난 후 마루, 혹은 바닥을 관찰해 나무 가루가 뿌려져 있으면 충해를 의심할 필요가 있다.

■ 딱정벌레목(鞘翅目 ; Coleoptera)

딱정벌레목에 의한 문화재 가해 양상은 매우 다양하다. 건조물, 회화, 직물 등 여러 미술품이 피해를 받는다. 피해를 주는 상태는 생활사 (life cycle) 중 유충의 상태이다. 유충의 식성은 동물질과 식물질로 크게 나누어진다. 동물질은 견직물, 모직물, 피혁, 동물표본들이며, 식물질로는 목제품, 죽제품, 지제품, 식물표본이 가해를 받는다. 문화재를

제2장 유기질문화재 생물손상

가해하는 딱정벌레는 함수율이 낮은 식물에서 생장한다는 공통점이 있다. 대표적인 딱정벌레목은 빗살수염벌레과에 속하는 권연벌레이다.

권연벌레   권연벌레에 의해 손상된 목부재

■ 좀목(Thysanura)

좀벌레(silver fish)는 몸길이가 15mm 내외의 날개가 없는 무시곤충으로 체색은 흰색, 회색, 또는 갈색이며 채찍 모양의 더듬이를 가지고 있으며 성충이 됨에 따라 몸 전체가 비늘로 싸인다. 좀벌레와 바퀴벌레는 풀 성분이 존재하는 서적의 표지 등을 가해하여 지면을 훼손시킨다. 섬유류의 경우 풀을 먹인 면이나 마직물에 손상을 입힌다.

■ 나비목(Lepidoptera)

옷좀나방은 오염된 모나 견직물에 알을 낳는다. 애벌레는 알에서 깨어나 직물을 갉아 먹고 배설물 덩어리나 가루를 남겨 유물을 손상시킨다. 수시렁이의 애벌레도 모직물을 갉아 먹는다. 곰팡이는 면과 마에 존재하는 섬유질을 주영양원으로 삼아 번식하여 직물 표면에 검은색 반점 얼룩으로 나타나고 섬유질을 급속히 파괴하여 구멍을 만든다.

■ 바퀴목(Blattodea)

바퀴는 전세계적으로 4,000여 종이 분포하는 곤충으로서, 종에 따라 다양한 생태적 특성을 보인다. 흰개미와 같이 목재 내부에서 생활하면서 셀룰로오스를 분해하여 생활하는 원시적 종도 있지만 대부분의 바퀴들은 잡식성이다. 바퀴류는 일반적으로 습기가 많고 온난한 장소를 좋아한다. 열대지방에서는 상당히 번성하고, 저온 지역에서는 많이 볼 수 없다. 야행성으로, 낮 동안에는 대개 나무껍질 밑, 돌 밑, 낙엽 밑, 그 밖의 어둑어둑한 그늘에 숨어 있는데 나무 위에 살거나 땅에 굴을 파고 사는 종도 있다.

바퀴벌레는 가죽, 털, 피부, 종이, 책을 포함해서 다양한 재질을 가해하기는 하지만 대부분의 경우 문화재를 직접 가해해서 생기는 손상보다는 분비물, 배설물 등으로 유기질문화재의 표면을 오염시키는 것이 가장 큰 피해이다.

바퀴목

바퀴목의 배설물

■ 벌목(Hymenoptera)

벌목은 76과 382속 921종으로 구성되어 있으며 몸길이는 1mm 이하의 작은 것부터 상당히 큰 것까지 다양하다. 벌은 건축물의 서까래나 벽체 등에 벌집을 짓고, 인위적으로 해체시킨 이후에도 벌집 자국이 건축물에 그대로 남아 미관적 손상을 유발한다. 구멍벌은 흙집을 짓거나 건물의 기둥에 구멍을 뚫고 산란한 뒤 입구를 흙으로 메운다. 구멍 속에서 성장한 벌의 유충은 목재를 가해하는 것이 아니라 어미가 두고 간 먹이를 먹으며 성장한 후 구멍을 뚫고 나온다. 따라서 목재를 직접적으로 가해하거나 구조적 손상을 일으키지는 않으나, 목재에 흙이나 먼지 등을 유입시켜 2차적인 생물피해를 일으킬 수 있다.

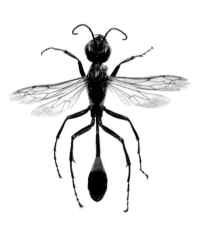

구멍벌과 나나니벌

구멍벌에 의한 목부재 손상

■ 다듬이벌레목(Psocoptera)

일반적으로 책좀(book worm)로 불리는 서적 가해충으로, 크기가 매우 작지만 몸은 굵으며 대부분의 경우 날개가 있다. 머리는 크고 구기는 저작형이며 강하고 큰 턱을 가지고 있다. 박물관, 자료관, 미술관 내에 전시되어 있는 서적에서 잘 발견된다. 잡식성으로 여러 종류의 먹이를 섭취하며 책에 구멍을 뚫는다.

2) 가해균

미생물에 의한 변질은 (1) 제지원료에 잠복하고 있던 곰팡이나 세균이 고온 고습의 생육하기 쉬운 조건까지 수년간 이상 잠복하고 있는 경우와 (2) 공기 중이나 먼지에 포함된 미생물이 종이에 부착하여 활동을 시작하는 경우가 있다. 박물관에서의 미생물 손상은 주로 공기 중에 부유하고 있는 곰팡이에 의한 영향이다. 지류 유물이 어둡고 통풍이 되지 않고 다습한 환경에 놓여 있을 때, 적당한 온도가 되면 곰팡이가 급속하게 번식한다. 곰팡이가 발생하기 위해서는 적당한 온·습도와 양분이 되는 물질, 모체가 되는 포자 등이 필요하다. 양분이 될 수 있는 것은 종이나 풀, 아교, 가죽 등이며, 재질을 다룰 때 부착되는 손의 기름이나 오염물 등도 포함된다. 일반적으로 미생물이 생육하기 위해서는 환경의 상대습도가 65% 이상이고, 종이의 함수율이 10% 이상이어야 한다. 곰팡이의 발생은 표면 오염에 의한 미관의 손상뿐만 아니라 곰팡이가 분비하는 가수분해효소에 의해 지질 자체의 손상 또한 야기한다. 경우에 따라서 곰팡이의 발생은 곤충을 유입시키는 원인이 되어 2차적으로 곤충에 의한 손상이 발생되기도 한다. 또한 벽면이나 서가 등 자료 주변의 결로나 누수에 의해 종이가 젖을 때에 곰팡이가 발생되는 경우가 있다. 장마철에는 습기를 머금은 재질은 높은 상대습도 환경으로 인해 건조가 어렵고, 기온도 비교적 높기 때문에 곰팡이가 성장하는 경우가 있다.

미생물은 세균과 사상균(곰팡이)이 있으나 이 중 문화재의 손상에 영향을 주는 미생물은 주로 사상균으로 알려져 있다. 현재 알려진 사상균(약 4,320속, 46,300종)은 담자균류(약 550속, 15,000종), 접합균류(약 245속, 1,300종), 자낭균류(약 1,700속, 15,000종) 그리고 불완전균류(약 1,825속, 15,000종)로 분류되고 있다.

미생물은 일반적으로 영양원, 온도 그리고 습도가 적당하면 번식을 할 수 있다. 문화재는 대체로 미생물이 발생하기에 적합한 영양원은 아니다. 그럼에도 불구하고 미생물의 발생으로 인한 피해가 발생하는 것은 보존 환경 내 온·습도의 영향으로 간주할 수 있다. 따라서 온·습도는 문화재의 물리적 또는 화학적 손상을 야기할 뿐만 아니라 미생물의 발생에 결정적인 역할을 하게 된다. 다시 말하면 온·습도의 조절로 미생물의 발생을 억제할 수 있다는 것이다. 지류·섬유질 유물의 보존

곰팡이에 의해 오염된 배접지

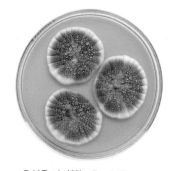
오염을 야기하는 *Penicilium* sp.

을 위한 온·습도 조건에 대하여 IIC(국제문화재보존과학회), ICOM(국제박물관회의), ICCROM(국제보존수복센터)는 온도 20℃, 상대습도 55~65%를 권장하고 있다.

■ 변색균 및 오염균

서적이나 고문서 같은 지류문화재가 누수 등으로 인하여 과다한 함수량을 지니게 될 경우 곰팡이(사상균)는 100% 발생되며 2차적인 손상 현상으로 지질의 괴상화, 종이 표면의 착색 오염 등이 나타난다. 미생물은 지류의 섬유소를 분해하거나 색소를 분비하여 서적에 얼룩 반점(foxing) 등을 생성함으로써 문화재의 가치와 보존 상태를 훼손시킨다. 대표적인 곰팡이(사상균)로는 *Chaetomium* sp., *Trichoderma* sp., *Aspergillus* sp., *Penicillium* sp., *Alernaria* sp., *Stachybotrys* sp. 등이 알려져 있다.

■ 부후균

목재를 열화시키는 미생물, 즉 목재부후균은 대부분 진균류에 속하고 포자를 형성하여 증식한다. 목재를 분해하는 미생물은 분해시키는 목재 성분에 따라 셀룰로오스 분해균, 헤미셀룰로오스 분해균, 리그닌 분해균으로 구분한다. 미생물은 섬유포화점 이상의 함수율을 갖는 목재를 주로 침해하지만 곤충은 습한 목재뿐만 아니라 기건상태의 목재도 가해한다. 목재가해 미생물은 진균과 세균이며 이들에 의해 썩는 현상을 '부후'라고 한다. 주요 유기질문화재 부후균 목록은 다음과 같다.

갈색 부후균	백색 부후균	연부후균
Coniophora puteana Gloeophyllum trabeum Lentinus lepideus Postia placenta Serpular lacrymans Fomitopsis palustris Antrodia vaillantii Gloeophyllum sepiarium Oligoporus placenta Meruliporia incrassata Daedalea quercina	Bjerkandera adusta Fomes fomentarius Grifola frondosa Ganoderma lucidum Lentinus edodes Pleurotus osteratus Phanerochaete chrysosporium Schizophyllum commune Trametes Versicolor	Chaetomium globosum Lecythophora hoffmannii Monodictys putredinis Humicola aloallonella

변재변색균	청변균	오염균
Ceratocystis spp. Lasiodiplodia theobromae	Aureobasidium pullulans Cladosporium herbarum Alternaria alternata Stemphylium spp. Phialophora spp.	Trichoderma spp. Gliocladium spp.

가. 갈색부후

갈색부후균은 주로 셀룰로오스와 헤미셀룰로오스를 분해하고 리그닌은 거의 분해하지 않아서 목재의 겉모습이 암갈색 또는 적갈색으로

목재의 갈색부후

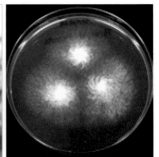

대표적인 갈색부후균
(*Fomitopsis palustris*)

변한다. 부후목재가 건조 되면 목리와 직각방향의 할렬이 두드러진다. 주로 침엽수재에서 많이 나타나며 대형 목구조물의 내부에서 발생하기 때문에 갈색부후균에 의해 피해를 입은 목재는 외관상 온전하게 보이는 경우가 많다. 특히 부후의 초기에 목재의 강도를 급격히 저하시킨다.

나. 백색부후

백색부후의 가장 큰 특징은 목재 세포벽을 구성하는 성분에 대한 선택적 가해가 없다는 것이다. 즉, 목재의 구성 성분인 셀룰로오스, 헤미셀룰로오스 뿐만 아니라 리그닌도 분해할 수 있다. 부후의 초기에 색상 변화가 잘 나타나지 않는 갈색부후재에 비해 백색부후재는 초기 단계에서부터 백색 또는 갈색의 띠나 대선이 나타나는 뚜렷한 변화를 보인다. 주로 활엽수재에서 발생하지만 침엽수재에서도 나타난다.

목재의 백색부후

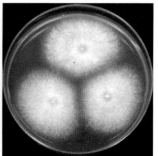
대표적인 백색부후균
(*Trametes versicolor*)

다. 연부후

목재가 고함수율 영역(준혐기성 상태)에 장기간 존재할 때 연부후라는 독특한 형태의 부후가 발생한다. 연부후 목재는 그 표면이 아주

연해지고 암갈색으로 변하지만 목재의 내부는 건전한 상태를 유지한다. 피해 부위가 건조되면서 표면이 스펀지처럼 느껴지고, 완전히 건조되면 할렬이 발생하며 흑화가 보인다. 일반적으로 침엽수재와 활엽수재에서 모두 나타나지만 활엽수재에서 더 많이 나타난다.

■ 세균

일반적으로 문화재를 가해하는 미생물은 진균류이지만 매장된 수침목재나 복식류의 경우 다른 균류가 부후시킨 부분을 2차적으로 세균이 분해하는 경우가 있다.

3) 기타

쥐와 같은 설치류는 둥지를 만들기 위해서 종이 등을 사용하면서 지류 유물에 심각한 손상을 발생시킬 수 있다.

2.2 유기질문화재의 관리

유기질문화재를 해충으로부터 지키는 방법은 온·습도의 적절한 관리, 전시관 내의 먼지나 티끌의 제거 및 청소, 정기적인 점검으로 조기에 충해를 발견하는 것이다. 현재는 전 세계적으로 각 박물관의 실정에 맞는 종합해충관리(Integrated Pest Management; IPM)를 프로그래밍하고 실천하는 것을 권장하고 있다. 곰팡이 피해로부터 지류 유물을 보호하기 위해서 습도가 높은 보관 장소는 제습 장치를 가동하고 실내 공기가 정체되지 않도록 송풍기를 사용하는 것이 좋다. 또한 곰팡이가 발생된 것은 1차적으로 다른 유물로부터 분리하여 부드러운 붓을 이용하여 털어 내고, 70% 에틸알콜을 면봉이나 탈지면에 묻혀 제거할 수 있다. 가장 위험한 것은 곰팡이가 발생된 상태를 장기간 방치해 두는 것이다. 이러한 경우에는 착색 오염이나 종이의 가수분해 등의 손상이 발생하여 원상태로의 회복이 불가능하므로 조기에 조치하는 것이 바람직하다.

1) 공통 사항

■ 보관 장소의 선택

온도와 습도가 적절히 유지되는 공간을 선택한다. 기후변화가 극단적이고 곤충과 설치류 등의 침입, 오염물의 발생이 용이한 다락방이나 지하는 사용하지 않도록 한다. 또한 유물에 손상을 발생시킬 수 있는 가스를 방출하는 가구 세척제, 칠(페인트)과 용매 등으로부터 안전한 곳을 선택하고, 물에 의한 침수 피해, 빛, 그리고 온도 변화로부터 가장 안전한 장소에 보관하여야 한다. 전적류는 난방기, 난로, 배수관, 창, 자연광이 있는 장소에는 절대 보관해서는 안 된다.

■ 기후의 조절

보관 장소가 선정되면, 항온항습기를 설치하고 온·습도 측정기기를 설치하여 과도한 습도와 온도를 모니터링 할 수 있도록 한다. 가정

제2장 유기질문화재 생물손상

에서 보관 중인 유물의 경우, 장마나 여름철에 보관 장소의 상대습도가 높아지면 에어컨이나 제습기를 사용하여 높은 습도를 감소시키는 것이 필요하다. 반대로 실내가 건조한 경우 가습기를 사용하여 습도를 증가시키도록 한다. 높은 습도가 유지될 때는 전적류 등 소형 유물의 보관 장소에 실리카겔 또는 제습제를 유물 주변에 설치하여 과도한 수분의 흡수를 방지하되, 직접적으로 접촉되지 않도록 한다. 적정 온도 및 상대습도는 다음과 같다.

	최적온습도	허용온습도
온도	18~20℃	21~22℃
상대습도	45~50%	50~55%

모발자기온습도계

디지털 온습도계

■ 지속적인 공기순환의 유지

정체된 공기로 인해 유물 표면에 곰팡이 포자 등이 떨어져 미생물이 성장할 수 있다. 따라서 보관 장소에 지속적인 공기의 순환을 유지하기 위해 환풍기의 사용은 매우 중요하다. 공기 필터나 공기청정기는 공기 중 오염 물질의 제거에 매우 유용하다.

■ 곤충과 설치류의 침입 방지

곤충과 설치류가 침입한 흔적에 대해서 전체적으로 조사한다. 만약 곤충과 설치류에 의한 피해가 발생하였다면, 다른 유물에 대한 손상을 방지하기 위해 손상된 유물만 분리시키고 살충제를 처리한다. 살충제는 직접적으로 유물에 닿지 않도록 처리하고, 주기적으로 재침입한 흔적을 체크한다.

■ 빛 노출의 조절

지류 유물의 빛에 의한 손상은 가능한 빛의 노출을 줄여 줌으로써 감소시킬 수 있다. 보관 장소의 빛을 줄이기 위해서 다음과 같은 방법이 있다. 커튼이나 차양막을 이용하여 직접적인 태양광선을 차단한다. 자외선을 차단하기 위해서 창에는 자외선 차단필름을 설치하고 자외선 차단 형광등을 사용한다. 조명은 형광등보다 적은 양의 자외선을 방출하는 백열등(예 : 60와트)을 사용하는 것이 좋다. 이때 열에 의한 손상을 방지하기 위해서 백열등을 유물과 적어도 30cm 정도 떨어져 위치시켜야 한다.

■ 유물에 대한 관심

유물에 관한 관심은 유물을 관리하는 것 이상으로 중요한 일이다. 평소에 유물과 관련이 있는 자료들을 찾아서 유물에 생명력을 부여하고, 유물에 담긴 조상들의 뜻을 후손들에게 계승시키는 것이 전승 문화에 대한 올바른 가치를 부여하기 때문이다. 유물의 상태를 주기적으로 관찰하여 일지를 적어 두거나 사진기록으로 남겨 두는 것도 유물의 원형을 보존하는 좋은 방법이다. 또한 대학이나 박물관에 근무하는 관련

전공자의 도움을 받아서 유물에 대해서 미처 알지 못했던 좋은 정보들을 얻을 수 있다.

■ 정기적인 거풍과 유물의 상태 점검

봄과 가을 연 2회 정도 자연 거풍을 하여 유물에 생기를 부여하고 해충이나 미생물의 번식을 방지해야 한다. 거풍 시기는 곤충의 산란기에 해당되는 4월과 6월, 10월과 11월 사이에 행하는 것이 일반적이다. 봄에 하는 것은 우기에 대비하여 미생물의 번식을 막기 위함이고, 가을에 하는 것은 여름을 지나면서 발생할 수 있는 곰팡이의 번식을 막기 위해 실시하는 것이다. 유물을 바람으로 한 번씩 음건시켜 보관할 때 급격한 온·습도의 변화는 유물에 해가 되므로, 평소 실내·외의 온·습도 환경이 거의 비슷한 봄과 가을에 맑고 건조한 날을 택해서 한다. 거풍을 시킬 때는 유물을 실내 통풍이 잘되는 곳에 펼쳐서 거풍을 시키되 오전 9시와 오후 3시를 전후해 한두 시간 정도 습기가 적은 때를 택해서 음건 하는 것이 좋다. 거풍을 할 때는 아래와 같은 사항을 중심으로 상태를 점검한다.

① 오염은 없는가?
② 유물의 표면 상태는 양호한가?
③ 충해를 받은 곳이나 유충의 알은 없는가?
④ 실·내외의 보존환경은 양호한가?
⑤ 방습제 및 제습제는 충분한가?
⑥ 항온항습은 유지되는가?
⑦ 포장재와 보존용 상자에 이상은 없는가?

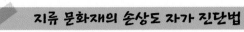
지류 문화재의 손상도 자가 진단법

생물에 의해서 종이에 손상이 발생될 때 나타나는 표시

- 종이 표면에 갈색, 흑색 또는 붉은 빛을 띤 얼룩점이 발생됨
- 종이를 다룰 때 조각파편이나 가루가 떨어짐
- 종이 표면에 작은 검은 구멍과 같은 천공이 발생됨

온도·습도에 의해서 종이에 손상이 발생될 때 나타나는 표시

- 종이가 약화되고 부스러짐이나 색변화가 발생됨
- 물의 번짐 흔적이 발생되고 안료가 탈색됨
- 종이가 휘고 주름이 잡히며 서로 붙는 현상이 발생됨

공기오염원에 의해서 종이에 손상이 발생될 때 나타나는 표시

- 종이 표면에 갈색 및 검은 착색이 발생되거나 색이 바래짐
- 종이 표면에 얼룩 표시와 손자국이 남음
- 종이 표면이 먼지, 오염물 또는 그을음으로 덮임

물에 의해서 종이에 손상이 발생될 때 나타나는 표시

- 종이 표면에 물의 번짐 흔적이 발견됨
- 종이가 휘고 주름이 잡히며 서로 붙는 현상이 발생됨

제2장 유기질문화재 생물손상

2) 지류·섬유·가죽문화재의 관리

■ 고문서류

문서류는 유물에 맞게 제작된 오동나무 상자에 보관하는 것이 좋으나, 가정에서는 중성의 리그닌 성분이 포함되지 않은 문서 보관용 상자에 보관하는 방법이 있다. 이러한 보관용 상자는 곰팡이, 오염원 그리고 빛으로부터 문서를 안전하게 보관하는데 매우 효과적이다. 일반 산성 화학물질을 함유하고 있는 종이 박스나 포장지는 산성 물질이 유물로 전이되어 유물의 손상을 가속시킬 수 있으므로 사용하지 않도록 한다. 특히 신문지의 경우 충해 방지에 효과가 있어 유물의 포장지로 사용하는 경우가 있으나, 향후 산성 전이에 따른 유물의 손상을 초래할 수 있으므로 사용하지 않도록 한다. 지도와 같이 크기가 큰 유물을 보관할 때는 접거나 말아서 보관하는 것 보다는 바르게 펴서 유물 사이에 얇은 한지(중성을 띤 한지)를 끼워 넣어 서로 붙는 것을 방지하고 평평한 문서 상자 또는 지도 보관용 장에 보관하는 것이 좋다. 접거나 말아서 보관하면 향후 문서에 물리적인 손상을 발생시킬 수 있다. 또한 문서를 취급하기 전 관리자는 반드시 손을 씻어야 하며, 유물이 주름지거나 찢어지지 않도록 신중히 다루어야 한다. 금속 및 플라스틱 재질의 보관함은 습도가 높을 경우 보관함 내부에 물이 맺힐 수 있고, 유물에 과도한 수분이 유입되어 곰팡이 및 종이 표면에 보푸라기가 발생하는 등 재질의 약화가 발생할 수 있으므로 사용하면 안 된다.

■ 서적류

서적의 최적 보관, 관리 및 취급은 유물을 보존하는데 매우 중요한 요소이다. 보관장과 선반은 난방기, 난로, 배수관, 자연광과 창문에서 떨어지게 위치시킨다. 또한 공기가 잘 순환될 수 있도록 벽면과 떨어진 공간에 설치하며, 은행나무 또는 삼나무와 같은 재질로 보관장을 제작한다. 서적은 각 선반에 1권씩 가로로 평평하게 눕혀 보관하는 것이 좋다. 보관장의 공간이 부족한 경우 3~4권의 서적을 포개서 보관할 수도 있으나 그 이상 포개면 안 된다. 손상이 심하게 발생된 서적은 한지로 포장하여 선반에 눕혀 보관하거나, 중성용 박스에 넣어 외부로부터 추가 손상을 방지하여야 한다.

■ 섬유 · 가죽류

섬유·가죽류는 동물성 재질과 식물성 재질로 나뉘며, 두 종류의 재질 모두 습기에 취약하다. 따라서 보관 장소는 수분이 존재하는 곳에서 떨어지게 위치시킨다. 섬유는 올이 손상되지 않도록 접거나 구기지 말고, 쫙 펴거나 잡아당기지 않는다. 직물이 서로 접촉하는 부분에는 중성지를 대고, 말아서 보관할 경우에는 옷을 갤 때 접힌 부위에 주름이 생기지 않도록 한다. 모피나 가죽옷은 부피가 크고 무거우므로 옷 내부에 면 쿠션과 같은 충진제를 넣어 형태가 망가지지 않도록 가능한 넓게 펼쳐서 보관하도록 한다.

/ 제3장 /
흰개미에 의한 목조건축물 손상

흰개미는 여러 계급으로 나뉘어 한 사회를 구성하는 사회성 곤충으로서, 체내의 공생자를 통해 목재의 주요 구성물질인 셀룰로오스를 분해하여 에너지원으로 사용하는 곤충이다. 흰개미는 주요 분해자 중 하나이며 토양 내에서 질소의 고정과 각종 미네랄의 축적, 물의 토양 침투 등에 관여하는 생태계의 필수적 요소이지만 목재를 먹이로 삼는다는 점에서 전세계적으로 가장 큰 경제적 피해를 입히는 해충이기도 하다.

전 세계적인 기후 변화와 산림생태계 복원 등으로 인해 한반도 전역에서 흰개미 피해가 발생하고 있으며 활동 기간 또한 길어지고 있다. 우리나라에 서식하는 흰개미는 지중흰개미로서 육안으로 관찰이 어렵고, 군체를 완전히 제거하지 않는 이상 재발생하기 때문에 피해 예방과 방제에 많은 어려움이 있다. 따라서 이번 장에서는 먼저 흰개미의 생태적 특징을 알아보고 이를 바탕으로 흰개미의 진단과 방제법에 대해 다루기로 한다.

3.1 흰개미의 생태적 특성

흰개미는 대부분 몸의 길이가 1cm 미만인 소형의 곤충으로서 체색이 백색 또는 유백색인 진성사회성 곤충이다. 계통분류학상 절지동물문(Arthropoda)의 곤충강(Insecta) 흰개미목(Isoptera)에 속한다.

1) 생리적, 생태적 특징

흰개미는 생식을 담당하는 여왕과 왕, 군체의 경호를 담당하는 병정개미, 그리고 영양 물질을 수집하는 일개미로 계급이 분화되어 있다. 간혹 외형 및 사회구조적인 면에서 벌이나 개미의 사촌으로 착각되기도 한다. 흰개미, 벌, 개미와 같은 사회성 곤충은 원칙적으로 집(서식처)을 중심으로 가족을 구성하고, 조직화되어 공동 작업을 수행하며 구성단위 간에 계급 분화와 분업이 이루어지는 군체 생활을 한다. 사회성 군체 구조는 곤충류 중 특히 흰개미목과 벌목에서만 발달되어 있다. 흰개미는 군체의 계급 분화 및 생활 습성으로 보아 개미와 흡사하지만, 개미가 속하는 벌목보다는 분류학상 바퀴벌레목에 가깝다. 이제까지 발견된 수십 종의 화석을 통하여 검토한 결과, 석탄기 경에 서식하던 목재 섭식성 곤충이 흰개미와 바퀴벌레의 공통조상으로 추정되기 때문이다. 흰개미와 바퀴벌레의 공통선조는 소화관내에 원생동물이 공생하였고, 그 원생동물의 도움을 받아 목재 성분을 소화하여 영양 공급원으로 활용하였다. 그러나 원생동물은 곤충의 탈피 과정에서 유실되기 때문에 원생동물의 존재는 곤충의 생존과 직결되게 되었다. 따라서 생존을 위한 원생동물의 전달 방법으로 군체 생활을 필요로 하게 된다. 원생동물의 수급은 배설물을 통하여 타 개체의 입으로 전달되는 습성을 가지게 되었고 배설물 중에는 사회 군체를 조절하는 화학물질이 함유되어 있기 때문에 3억 년 전부터 군체의 사회 통합이 발달한 것으로 추정되고 있다.

흰개미는 바퀴목 중 Protoblattoptera, Cryptocercus와는 생리 및 생태학적으로 근연종이다. 썩은 목재 안에서 가족집단을 형성하여 생활하는 것과 소화관 내에 셀룰로오스 분해성 원생동물이 공생한다는 것이 바퀴벌레와 매우 유사하여 흰개미를 "사회생활을 하는 바퀴벌레"라고 할 정도로 취급하지만, 바퀴벌레는 사회성 곤충의 주요 특징 중 하나인 계급분화가 형성되지 않았기 때문에 두 목간에 구별되는 차이점이 있다. 반면에 흰개미는 일개미계급의 비율이 낮을 경우 알에서 일개미가 되는 분화율이 높아지게 되어 군체의 계급 비율을 본래 대로 유지한다.

■ 흰개미 계급분화

흰개미의 계급분화는 유전적 또는 배시기에 계급 분화가 결정되는 내인적 요인과 군체의 상태에 따라 특정 계급으로의 분화가 결정되는 외인적 요인으로 구분되며, 분화를 조절하는 요인으로서 페로몬, 영양, 행동자극 등이 관계하는 것으로 알려져 있다. 흰개미의 계급 상호간의 분화를 조절하는 페로몬성 화학물질은 두부의 액선공 혹은 흉부의 분비선으로부터 분비되며 소화관을 통하여 항문으로 배출된다. 이 페로몬은 흰개미의 먹이 습성에 따라 군체 전체를 순환하고 전 개체에 확산됨으로써 전 군체의 계급 조절이 가능하게 된다. 흰개미의 성장과 탈피는 다른 곤충과 같이 호르몬에 의하여 조절되지만, 호르몬의 분비는 계급 조절 물질인 페로몬의 직접적인 영향을 받는다.

흰개미는 번데기 과정을 거치지 않고 불완전 변태를 하는 곤충이다. 구기는 전형적인 저작형(mandibular)이다. 날개를 가진 것은 성 개체 또는 생식충이고 없는 것은 일개미(worker)와 병정개미(soldier)이다. 수컷의 생식기는 퇴화되었고 암컷의 산란관은 바퀴류와 닮은 점이 많다.

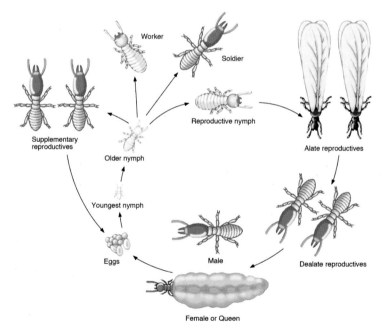

흰개미 생활사(Life cycle)

가. 생식계급

흰개미 군체 내에서 생식을 담당하는 계급으로서 산란에 관여하는 왕과 여왕이 생식계급에 속한다. 여왕은 다른 곤충과 달리 정자를 저장하는 기관(저정낭)이 존재하지 않기 때문에 항상 수컷인 왕과 함께 생활해야 한다. 저정낭이 없는 것이 생리적인 면에서 꿀벌이나 개미의 생식계급과 다른 점이다.

생식계급은 크게 두 종류로 나눌 수 있다. 그 하나는 생식충(제 1차 생식충)인 유시충으로, 군비가 일어난 후 1쌍의 짝이 된 여왕과 왕이다. 흉부에 날개의 기부가 남아 있는 것이 외관상의 특징이다. 다른 하나는 부생식충(제2차 생식충)으로, 여왕이나 왕과 같은 생식충이 죽거나 군체가 분리되었을 경우, 유충에서 유시충으로 발육하는 과정에서 생식선이 발달하여 생식충으로 분화되는 계급이다. 하등한 흰개미는 하나의 군체 안에 한 쌍의 생식계급만 존재하지만, 고등한 흰개미는 부생식충의 수가 많아 약 20마리의 부여왕이 분화되어 있는 것으로 알려져 있다.

나. 병정개미 계급

병정개미는 주로 외부로부터의 공격을 방어하는 임무를 가진 계급으로, 이들은 일개미들이 운반하는 음식물만 먹는다. 흰개미 군체의 형성 초기에는 알에서 병정개미가 되는 분화 비율이 높지만 성숙된 군체에서는 2~5%의 비율로 일정하게 분화 된다. 병정개미의 머리는 크고 큰 턱이 강하게 발달된 것이 특징이다. 겹눈이 완전히 퇴화되었고 액선이 있어 유백색의 액을 분비한다. 외적을 강하게 물어 공격과 방어를

제3장 흰개미에 의한 목조건축물 손상

한다. 잘 발달된 이빨과 액선공에서 분비되는 방어 물질을 이용하여 외부침입자의 공격을 막아낸다.

다. 일개미 계급

일개미는 주로 먹이의 채취와 운반, 생식계급(여왕, 왕)이나 유충 및 병정개미에게 음식물을 공급하는 임무를 맡고 있다. 일개미는 하나의 흰개미 군체(colony)에서 약 90~95%에 달한다. 하등한 흰개미에서의 일개미는 유충에서 약충(nymph)으로 발달하는 단계에서 발육이 정지되고 몇 번의 변화 과정에도 외형이 변하지 않지만 경우에 따라서 병정개미나 약충 및 부생식충으로 분화할 수 있는 능력을 가지고 있다. 일개미는 눈이 없고 몸의 모양이 생식충과 유사하며 흰색을 띤다.

 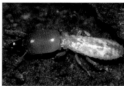 

일본흰개미(왼쪽: 일개미, 가운데: 병정개미, 오른쪽: 유시충)

■ 흰개미 군체 형성 및 성장

가. 군체(colony) 형성

흰개미는 번식기가 되면 날개가 있는 유시충이 군체 내에서 발생한다. 이 유시충은 생식을 하는 암컷과 수컷이 되어 군체를 형성하는 과정에서 절대적인 역할을 담당한다. 매년 흰개미의 유시충은 군비(무리를 지어 날아다님)하여 새로운 군체를 형성하게 되며 군비하기 수개월 전에 다수의 약충(nymph)이 유시충으로 발달된다. 종에 따라 군비시기와 서식환경은 거의 일정하며, 온도와 습도, 공기 등 자연환경이 군비조건을 좌우하게 된다. 하등한 흰개미는 소수의 개체가 장시간에 걸쳐 군비하고, 고등한 흰개미는 다수의 개체가 1~2회에 걸쳐 군체를 형성하여 군비한다. 군비한 후 날개를 제거한 암컷은 복부 말단에서 성페로몬(sex pheromon)을 발산하여 수컷을 유인한다. 암컷을 인식한 수컷은 암컷의 꼬리 끝을 촉각으로 연결 한 후, 집을 찾아 1쌍씩 별개의 장소로 이동하며, 습한 고목이나 나무 등걸에 서식처를 만든다. 새로운 서식처로 이동한 1쌍의 여왕과 왕은 새로운 흰개미 군체를 형성한다.

군비에 의한 정상적인 군체의 형성 방법이 아닌 다른 생식 방법도 존재한다. 부득이한 이유로 여왕과 왕이 없이 군체의 일부가 원래의 군체로부터 분리되었을 경우, 이탈된 군체에 속하는 부생식충을 중심으로 새로운 군체가 형성된다. 부생식충이 생식충(여왕과 왕)으로 분화되는 능력은 하등한 흰개미일수록 높다.

흰개미 유시충 군비

제3장 흰개미에 의한 목조건축물 손상

나. 군체(colony) 성장

군비 후 1쌍의 왕과 여왕으로 구성된 새로운 흰개미 군체는 산란을 시작한다. 1차로 산란한 알에서 부화된 유충은 왕과 여왕에 의하여 사육된다. 하등한 흰개미는 왕과 여왕이 나무를 섭식하는 능력이 있다. 고등한 흰개미는 나무를 섭식하는 능력이 없는 대신, 필요 없게 된 날개를 움직이는 근육이나 저장된 영양 물질로 유충을 기른다. 1차 산란에서 부화된 유충은 영기가 비교적 빠르고 일개미나 병정개미로 성장하기 때문에 군체의 다른 개체보다 비교적 작은 체형을 가지고 있다. 성장한 일개미는 왕과 여왕에게 음식물을 전달하고 유충을 기르거나 집을 짓는 일을 하게 되고, 여왕은 산란에만 전념한다. 따라서 이 시기의 여왕은 난소가 최대로 발달되어 복부가 비대한 몸을 갖게 된다. 흰개미의 군체를 구성하는 개체수는 수십 마리의 개체로 구성된 종에서부터, 집 흰개미(House termite)와 같이 100만 마리 이상으로 구성된 종도 있다.

■ 흰개미 식성과 채식활동

흰개미가 선호하는 음식물은 주로 목재와 같은 식물성 물질이 많다. 특히 살아 있는 식물체를 먹는 것보다는, 죽은 식물체나 썩어 가고 있는 식물을 먹는다. 따라서 생태학적 측면에서 흰개미는 분해자라 할 수 있지만, 문화재를 보존 관리하는 입장에 있어서 흰개미는 목조건조물과 같은 문화재를 가해하는 침입자라 할 수 있다. 하등한 흰개미는 주로 목재류를 섭식하고, 고등한 흰개미는 지의류나 조류, 균류를 섭식하는 등 비교적 다양하다. 흰개미의 식성은 ① 살아 있는 수목과 같은

문화재 생물학

식물체 ② 고사목과 같은 죽은 식물체 ③ 부패·분해되고 있는 식물체 ④ 부식토(腐植土) ⑤ 버섯과 같은 균류 ⑥ 군체 내의 다른 개체, 조류 및 지의류 등이다.

흰개미목 전체의 채식 양상을 구분해 보면 다음과 같다. 첫째, 영양 공급원인 목재의 내부를 일개미들이 구멍을 파서 길을 만들어 내부에서 서식한다. 이러한 형태는 목재 자체가 생활권이자 영양공급원으로서, 영양원인 목재가 고갈되면 군체는 쇠퇴하거나 다른 목재로 이동한다. 이러한 양상은 건재흰개미(Kalotermitidae : dry-wood termite)와 습재흰개미(Termopsidae : damp-wood termite)에서 볼 수 있다. 둘째, 지표나 지중에 집을 짓고 이동용 지하도를 사방으로 만드는 유형으로, 채식을 위하여 집에서부터 목재가 있는 장소까지 지하도를 만든다. 계통학적으로 가장 원시종으로 불리는 Mastotermitidae과의 한 종이 이런 유형에 속하며, Rhinotermitidae과나 고등흰개미 중에서도 지하 터널을 만드는 종이 다수 있다. 셋째, 살아 있는 나무 위에 집을 짓는 흰개미에서 볼 수 있는 유형으로서, 집과 채식장소와의 거리는 다소 떨어져 있으나 지상으로 흰개미길을 만들어 연결한다. 이러한 양상은 군체 초기의 채식장소는 집 부근이었으나, 군체가 대형화되면서 집 부근의 음식물이 고갈됨에 따라 새로운 채식장소를 찾아 지상으로 흰개미길이 형성되게 된다. 넷째, 지하 터널이나 흰개미길을 형성하지 않고 지상으로 이동하면서 채식하는 유형이 있다.

■ 흰개미 목조건축물 가해 경로

건물 주변의 그루터기에 서식처를 두고 생활하는 흰개미는 4~5월

2. 분가하여 새로운 집단형성

1. 흰개미 서식지

3. 새로운 서식처형성

4. 지하에서 건물로 유입

흰개미 목조건축물 가해 경로

경이 되면 새로운 서식처를 찾기 위해 군비를 한다. 왕개미와 여왕개미가 될 수 있는 유시충이 검은 날개를 달고 다른 그루터기, 건물의 상방이나 지붕의 빈틈으로 들어가 건물 내부에 서식할 수 있다.

일개미는 항상 서식처 주변으로 새로운 먹이를 찾아다닌다. 땅속을 통해 주변 건물의 바닥으로 유입하여 기둥 및 건축물을 가해할 수 있다.

2) 흰개미 분류

흰개미는 열대 지역을 중심으로 전 세계에 약 2,600여 종이 분포하고 있는 것으로 알려져 있으며, Mastotermitidae, Termopsidae, Kalotermitidae, Hodetermitidae, Rhinotermitidae, Serritermitidae, Termitidae의 7개 과(科)로 구분된다. 한국과 인접한 일본에는 4

속 18종이 분포한다. 생식활동의 측면에서 볼 때 하등한 흰개미는 난소가 작고 복부가 비교적 크지 않지만, 고등한 흰개미는 난소가 크고 복부가 팽대해 있다. 음식물의 섭취에 있어서 원시적인 흰개미는 부패하고 습한 재질을 먹지만, 고등한 종으로 갈수록 마른나무, 낙엽, 마른 풀, 균류 등을 취하게 된다. 또한 장내에 원생동물 대신 세균이 기생하거나, 균류를 재배하는 종들은 원시종보다 진화된 종으로 구분된다. 하등한 흰개미는 음식물을 저장 하지 않으며 생활권과 영양공급원이 동일하다. 유시충이나 일개미에서는 변이가 많이 발생하기 때문에 일반적으로 병정개미의 외형적 특징인 머리의 모양, 큰 이빨의 형태, 액선공의 유무 등 각종 기관의 형태에 따라 흰개미를 분류한다.

■ Mastotermitidae

흰개미목에서 제일 원시적인 과로서, 4속 13종의 화석이 세계 각지에서 발견된 바 있다. 현존 종은 Mastotermes darwiniensis 1종으로 일본에만 서식하고 있다. 소화관에 공생하는 원생동물은 1종이며, 지하에 서식처를 만들고 주변의 건물이나 수목을 가해한다. 발달된 한 개의 군체에서 100만 마리 이상의 개체로 발견되기도 한다.

■ Termopsidae

Mastotermitidae와 공통된 특징이 많은 것으로 보아 동일 조상에서 분화된 것으로 추측되며 습재흰개미(Damp-wood termite)라고 부르기도 한다. 군체는 적고 습한 나무 그루터기와 부후된 목재 중에서 생활하며, 전 세계에 널리 분포되어 있다.

■ Kalotermitidae

건조목재흰개미(Dry-wood termite)라고 부르기도 한다. Mas-totermitidae와 동일한 양상의 일개미 구조를 나타낸다. 군체는 작고 목재 가해를 목적으로 개미길을 만드는 능력이 있으며 지중으로 이동한다. 건조 목재에 구멍을 뚫고 소군체 생활을 하기도 한다. 25속 360여 종이 열대 지역을 중심으로 전 세계에 널리 분포하고 있다.

■ Hodotermitidae

수확흰개미(Harvester termite)라고 부르기도 한다. 일개미의 체색은 유색이며, 지상으로 이동하면서 풀을 절단하여 지중의 서식처에 저장하는 습성이 있다. 3속 17종이 포함되며 아메리카 대륙 중동부의 건조 지대에 분포하고 있다.

■ Rhinotermitidae

지중흰개미(Subterranean termite)로서 우리나라와 일본 등지에 서식하는 흰개미이다. 지중에 서식처가 있어 지하 생활을 하며 서식처에서 흰개미길을 만들어 주변 건조물의 목재나 수목을 가해한다. 16속 170여 종이 열대나 온대 지역에 넓게 분포하고 있다.

■ Serritermitidae

Serrier serrifer 1종만이 분포하고 있다.

■ Termitidae

전체 흰개미목의 3/4을 차지하는 가장 큰 과로서 약 120속 1,400여 종이 존재한다. 지중에 서식처를 만들며 주변에 균실을 재배한다.

3) 일본흰개미와 집흰개미의 특징

국내에 서식하고 있는 곤충에 대한 조사는 대부분 일제강점기에 일본 및 외국학자들에 의하여 수행되었다. 흰개미는 1920년대 일본인 들에 의해 조사되었고, 일본흰개미 1종(*Reticulitermes spartus Kolbe*)과 그 아종 1종(*Reticulitermes speratus kyushuensis Morimoto*)이 부산, 마산 지역과 군산, 전주, 경인지역을 비롯하여 개성, 평양시내에 서식하고 있다고 보고하였다. 이후 남해안 일대에서 집흰 개미의 가해흔이 발견되어 보고되었다(이동흡 외 2인, 1998).

일본흰개미의 병정개미   집흰개미의 병정개미

■ **일본흰개미(학명 : *Reticulitermes spartus Kolbe*)**

Rhinotermitidae과에 속하며 서식처를 지하에 만드는 흰개미이 다. 일본흰개미와 그 아종은 형태적으로 미세한 차이가 있으나 생활 습 성이 같고 서로 교배할 수 있는 능력을 보유하고 있어 일본흰개미와 동

일하게 취급하기도 한다. 일본흰개미는 집흰개미에 비해 추위에 비교적 강하고 건조에 약하다. 목조 주택 및 건조물에 가해가 가장 심한 곤충으로서, 그 피해가 다수 보고된 바 있다.

군비 후 유시충의 날개는 떨어지고 자웅 1쌍이 서식처로 들어가 생식충인 여왕과 왕이 된다. 군비 후 여왕은 초기 산란으로 보통 10~20여 개의 알을 낳는다.

일본흰개미는 연평균 기온이 10℃ 이상인 지역에 서식하고 6℃에서 활동을 시작하여 12℃ 이상일 때 활동이 왕성해지며, 고온에 비교적 강한 종이다. 소화관에 공생하는 원생동물(Protozoa)에 의한 목재의 셀룰로오스 분해로서 영양분을 얻게 된다. 33℃ 이상의 고온에는 소화관의 원생동물이 죽게 되므로 시원한 지하로 이동한다. Becker(1965)는 일본흰개미에 대한 온도와 먹이섭취량을 비교 실험한 결과, 흰개미 성장의 최적온도가 28℃이라고 보고하였다. 이규식(2004)에 의한 실험에서도 28℃ 내외의 온도와 90% 이상의 상대습도가 일본흰개미의 최적 온습도라고 보고하였다. 군비는 대체로 4~5월에 실시되며, 온난한 지역에서는 다소 빠르고 한랭한 지역에서는 다소 느리다. 군비는 비가 온 후 비교적 온난하고 맑은 날 오전 중에 일어나는 경우가 많다. 일본흰개미는 건조에 약하므로 습기를 유지할 수 있는 점질토를 선호하여 서식한다.

■ 집흰개미(학명 : *Coptotermes formosanus Shiraki*)

일본흰개미와 동일한 유형으로 지하에 서식처를 만드는 흰개미로서 일본뿐만 아니라 전 세계적으로 건조물 및 살아 있는 수목 등을 가해하는 종이다. 중국 포르모사지역이 본산지인 집흰개미는 일본, 스리

랑카, 남아프리카, 하와이 그리고 미국에 유입되어 있다. 집흰개미의 세계적인 분포 원인은 선박에 의한 인위적인 원인으로 추측되고 있으며 목재가해도는 일본흰개미보다 높다.

유시충의 군비는 6~7월이며 온난 다습한 날 야간에 행동한다. 군비 시 유시충은 주광성을 가지고 있어 불빛이 밝은 전구 쪽으로 날아간다. 군비 후 날개는 떨어지고 성충은 5~20일 후 최초 산란을 한다. 산란 수는 보통 20~30개 정도이고 많게는 40개 이상도 산란한다. 알은 약 25일후 부화되어 유충이 된다. Becker(1965)는 집흰개미에 대한 온도와 먹이 섭취량을 비교 실험한 결과, 최적온도가 35℃라고 보고하였다.

집흰개미는 흰개미 통로로 물을 운반하여 서식하는 집 내부를 고습도 상태로 유지하며, 간혹 흰개미길이 파손되었을 경우 파손부를 막아서 습도를 유지한다. 집흰개미는 사질토를 선호하여 해안선 연안 부근에 주로 서식한다.

3.2 손상요인

1) 기후 변화

흰개미는 열대와 아열대를 중심으로 분포하는 곤충으로, 겨울의 동절기를 휴면 상태로 월동하지 않기 때문에 활동과 분포에 있어 온도에 의한 제약을 많이 받는다. 대부분 흰개미 분포의 한계선은 겨울철의 저온에 의해 결정되며, 이러한 한계선이 우리나라와 일본의 경우 1월

평균 기온과 일치하고 있다. 우리나라는 중위도에 자리 잡아 4계절이 뚜렷하게 나타나는 온대성 기후의 특성을 가진다. 여름은 덥고 겨울은 추우면서도 대륙에 비하여 강수량이 많으므로, 연강수량으로 보면 비교적 습윤한 지역에 속한다. 기상청 자료에 따르면, 우리나라의 연평균 기온은 6~16℃로 지역 차가 크게 나타나지만 산악 지대를 제외하면 대체로 10~16℃의 기온 분포를 나타내며, 연중 가장 무더운 달인 8월의 월평균 기온은 25℃이고, 가장 추운 달인 1월의 평균기온은 -0.7℃인 것으로 나타났다.

흰개미는 비교적 따뜻하고 습하며 햇볕이 없는 장소에서만 서식한다. 하지만 우리나라는 겨울철 온도가 영하로 내려가면서 건조하고 바람이 심하여 대체로 흰개미가 번식하기에 적당하지 않은 기후를 가지고 있었다. 그러나 급격한 환경의 변화로 기후가 온난화되고 비가 많이 오며, 겨울철 기온이 상승하고 있다. 특히 최근에는 오존층 파괴로 인해 자외선의 조사량이 증가하면서 기온 상승이 일어나고 있다. 이러한 기온 상승으로 인하여 우리나라에서도 목조건조물에 대한 흰개미 피해가 점차적으로 증가하고 있다.

우리나라에 서식하고 있는 일본흰개미는 6℃ 내외에서 활동을 시작하여 12~30℃일 때 활동이 왕성해지며, 33℃ 이상의 고온인 여름에는 소화관의 원생동물이 죽기 때문에 지하로 이동한다. 이러한 보고는 서울 지역(종묘)에서 흰개미의 활동 시기를 관찰한 자료와도 일치한다. 종묘 지역의 경우 흰개미는 3월에 활동을 시작하여 11월 말까지 계속되는 것을 관찰하였으며, 동절기에는 야외에서 흰개미가 활동하는 것을 관찰하지 못하였다. 이는 1~2월의 평균기온이 영하로 내려감에 따라 흰개미의 활동이 일정 기간 정지된 것이거나, 지표면의 온도 변화에 의해 지하 깊은 곳에 서식지를 마련한 것으로 예측된다. 또한 서울과 부산의 월평균 기온을 점검한 결과, 서울보다 기온이 상대적으로 따뜻한 부산 지역에서는 1~2월에 활동을 시작하여 12월 말까지 연중 내내 계속될 것으로 예상할 수 있다. 이는 흰개미 피해가 남부 지역의 목조건조물에 다수 발생하는 것과 관련이 있을 것으로 추측된다.

2) 생태계 회복 및 비옥화 현상

해방 이후 정부 주도의 지속적인 산림 비옥화 정책에 따라 대부분의 산이나 구릉 지역의 생태계가 회복되고 비옥화 되었다. 이로 인해

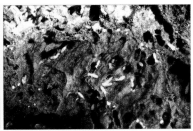

정전 담장 뒷면 근처 그루터기에서 서식 중인 흰개미

정전 담장 뒷면에서 100m 떨어진 산림 그루터기에서 서식 중인 흰개미

제3장 흰개미에 의한 목조건축물 손상

흰개미의 먹이가 될 수 있는 생목이나 고사목, 낙엽, 부질토 등이 풍부해졌으며, 산림 특유의 수분을 저장할 수 있는 능력 또한 흰개미가 활발히 번식하는데 큰 도움이 되었다.

3) 화재방제라인 구축

목조건축물의 주재료인 목재는 다양한 장점이 있지만 불에 타기 쉬운 단점을 가지고 있다. 특히 만들어진 지 오래된 건물일수록 목재 특유의 수분을 흡수하고 방출하는 능력이 약해져, 건조한 계절이 되면 화재에 더 취약해진다. 우리나라의 주요 목조건축물은 산중의 사찰에 위치해 있어 산불이 옮겨 붙기 쉽고, 진화 인력과 장비의 투입에 시간이 오래 걸리기 때문에 산불이 발생하면 큰 피해가 발생할 확률이 높다. 따라서 산불로 인한 목조건축물 화재를 막고자 문화재청과 산림청이 공동으로 전국의 주요목조건축물을 대상으로 산불 방제 라인을 구축하게 되었다. 일반적으로 산불이 퍼져 나갈 수 있는 거리는 25m 내외이므로, 목조건축물 주변의 산림을 정리하여 20~25m의 이격 공간을 만들고 그 뒤쪽으로 25m 이상의 완충지대를 만드는 것을 목적으로 하였다.

그러나 예산과 장비, 인력 부족 등으로 인해 방제 라인 구축이 완벽히 이루어지지 못했고, 이로 인해 벌목되고 남은 나무들이 주변에 무질서하게 적재되거나 나무 그루터기가 제거되지 않은 채로 그대로 남게 되었다. 흰개미는 살아 있는 나무보다 죽은 나무를 선호하기 때문에 적재된 나무들과 방치된 나무 그루터기들은 흰개미의 좋은 먹이가 되어 방제 라인 구축이 흰개미를 목조건축물 쪽으로 유인하는 결과를 만들었다.

화재방제라인 구축사업의 이격공간 및 완충지대

4) 현대식 주거구조 변화

현대에 접어들면서 구들을 설치한 온돌 방식에서 보일러나 전기장판을 이용한 난방 방식으로 주거 양식에 변화가 있었다. 과거 온돌 방식으로 난방을 하였을 때는 뜨겁고 건조한 공기가 건물 내부를 순환하면서 목재가 습하지 않도록 하여 해충과 곰팡이의 발생을 억제하였으나, 현재의 보일러나 전기장판을 이용한 난방은 건물 하부의 수분을 제거하지 못하고 오히려 증가시킴으로써 곤충이나 설치류에 의한 피해가 증가할 수 있다. 또한 주방이나 욕실 등에 수도 설비가 설치되면서 목재에 연중 수분이 공급되는 부분이 생겼고, 이로 인해 해충과 곰팡이 피해가 발생할 수 있다.

또한 과거에는 마루의 아래를 원활한 통풍을 위해 개방하였지만, 현재는 대다수 건물이 설치류 등의 유입을 막기 위해 시멘트나 회 등으로 막아 놓아 토양에서 올라오는 수분들이 그대로 남아 해충이나 미생물의 발생을 원활하게 하고 있다.

현대식 주거형태로 변화(배수시설 설치)

5) 일상적 관리 소홀 및 인식 부족

우리나라는 미국이나 일본 등 흰개미 피해가 빈번한 국가들과 비교했을 때 상대적으로 기후가 춥고 목조 가옥의 수가 적어 흰개미에 의한 피해가 적었다. 근래에 들어 기후변화와 산림 비옥화 등으로 흰개미 피해가 증가하고 있지만, 그 심각성이 대중들에게 인식되지 못하였다. 목조건축물 주변 환경 정비를 위한 벌목 등으로 발생된 나무 그루터기는 흰개미의 잠재적 서식지로 사용되어, 목조건축물로의 흰개미 유입을 증진시킬 수 있으므로 제거하여 2차적인 흰개미에 의한 손상을 방지할 수 있도록 한다. 또한 사찰이나 가정 내에 보관되는 장작더미나 목가구도 건물 주변에 방치되어 흰개미에 의해 쉽게 가해될 수 있다.

건물 정면 그루터기   그루터기 내부 서식중인 흰개미

평상 하부에서 흰개미 가해(진행중)

장작더미에서 흰개미 가해(진행중)

제3장 흰개미에 의한 목조건축물 손상

3.3 흰개미에 의한 손상사례

1) 국내 흰개미 분포현황

국내에서 흰개미 분포 조사는 1920년대 일본인에 의해 처음 조사되었으며 일본 흰개미가 부산, 마산, 군산, 전주 지역을 비롯해 개성이나 평양에까지 존재한다고 하였다. 그러나 국내에서 큰 피해가 보고된바 없으므로 조사가 이루어지지 않다가 1980년대에 이르러서 전국 각 지역의 산림과 문화재에서 흰개미의 서식을 확인하였다.

이동흡(1998)에 따르면 국내에서 직간접적으로 확인한 일본흰개미의 분포 지역은 영동 지역을 제외한 국내 전역(서울, 춘천, 남양주, 봉화, 영덕, 제천, 충주, 울산, 공주, 대구, 언양, 양산, 합천, 순천, 구례 등)이며 아직 국내에서 군체를 발견하지는 못했지만 부산, 진주, 거제 지역에서 집흰개미(House termite)의 피해 흔적을 발견하였다고 보고하였다.

국립문화재연구소에서도 1982년에 경기도 파주의 공순영릉 비각, 경남 양산의 통도사, 경북의성 의성향교 등에서, 1988년 전북 남원 실상사 요사체, 1989년 서울 경복궁 인제책, 1990년 경북 안동 하회마을 건물, 1991년 서울 방학동 연산군묘 재실, 1992년 전북 장성 백양사 운문암, 전남 함양 민가, 서울 만리동 목재, 1994년 강원 강릉 향교, 1997년 경북 청도 대비사 대웅전, 1998년 경남 합천 해인사에서 일본흰개미의 피해 흔적과 군체를 발견한 바 있으므로, 이미 국내 전역에 일본흰개미가 서식하고 있음을 알 수 있다.

한국전통문화대학교 문화재예방보존연구소에서는 2009년 흰개미 탐지견과 극초단파 흰개미 탐지장비인 터마트랙을 이용하여 전국의 목조건축물을 조사하였다. 총 16개 장소에서 231개동의 건축물이 조사되었으며, 조사 장소는 아래의 그림과 같다. 조사결과 16개소 231동의 건축물 중 흰개미에 의한 피해를 입은 건물은 총 78개동(33.8%)이었으며, 조사 당시 18개동(7.8%)에서 흰개미에 의한 손상이 진행 중이었다. 피해는 대부분 지면에 접한 기둥에 집중되어 있었지만 인방이나 창방, 도리 등에서 피해가 발생하기도 하였다.

1. 경복궁(서울)	9. 선암사(전남 순천)
2. 종묘(서울)	10. 거제현 관아(경남 거제)
3. 통도사(경남 양산)	11. 범어사(부산)
4. 직지사(경북 김천)	12. 용화사(경남 양산)
5. 풍남문(전북 전주)	13. 해인사(경남 합천)
6. 불갑사(전남 영광)	14. 전등사(인천 강화)
7. 능가사(전남 고흥)	15. 하회 마을(경북 안동)
8. 송광사(전남 순천)	16. 봉정사(경북 안동)

흰개미 출현 지역 분포도

건물 기둥 흰개미 가해흔

제3장 흰개미에 의한 목조건축물 손상

건물 하방 흰개미 가해흔

목판 마구리 흰개미에 의한 손상

2) 흰개미에 의한 손상 사례

1998년 6월 국립문화재연구소는 해인사 일원에 대한 흰개미 분포 조사를 실시하였으며, 해인사 내 응향각과 사운당에서 흰개미의 가해 흔적을 발견하였다. 뿐만 아니라 해인사 주변 지역(특히 장경판전 좌측 언덕 및 후면 수림)에서도 흰개미의 서식을 확인하였다. 이에 따라

1998년 10월 모니터링용 목재 시편을 설치하고, 이후 주기적으로 모니터링 조사를 실시하였으며, 흰개미가 가해 중인 목조건축물에는 훈증처리를 통해 긴급 방제를 시행하였다. 이후 군체제거시스템 등을 설치하여 주변 수림에 서식 중인 흰개미를 제거하였다.

설치된 목재 모니터링 시편   흰개미가 가해중인 모니터링 시편

    2000년대 초반 문화재연구소에서 수행된 중요목조건축물 흰개미 분포 조사에서 유네스코 지정 세계문화유산으로 등재된 종묘와 경복궁, 창덕궁, 창경궁 등에 다수의 흰개미 군체가 서식하고 있음이 밝혀졌다. 종묘의 수림 전역에 흰개미가 서식하고 있었으며, 특히 정전의 후면 수림과 향대청 후면 지역이 흰개미 군체의 주요 서식지였다. 경복궁의 경우 집옥재 후면 및 근정전 서행각 주변에서 흰개미의 서식이 확인되었다. 창덕궁에서는 어차고 후면과 대조전 후면, 연경당 후면의 수림에서 흰개미 군체가 다수 확인되었으며 인접한 창경궁에서는 종묘와 연결되는 영춘문 좌측 화단에서 흰개미가 발견되었다.

    한국전통문화대학교 문화재예방보존연구소에서는 2009년부터 흰개미의 활동이 활발한 5~9월 사이에 전국의 목조건축물을 대상으로

제3장 흰개미에 의한 목조건축물 손상

흰개미에 의해 가해된 모니터링 시편

목조건축물 생물피해조사를 수행하고 있다. 전남 순천에 위치한 송광사의 경우 2009년 1차 조사에서 총 31개동의 목조건축물 중 8개동 (26%)에서 흰개미 가해 흔적이 발견되었으며, 2010년 2차 조사에서는 사찰 주변의 정비를 위해 벌목된 뒤 방치된 나무 그루터기 20개를 조사한 결과 12개(60%)에서 흰개미 군체가 발견되었다. 2011년과 2012년 이전에 조사한 나무 그루터기를 재조사하였을 때도 대다수의 나무 그루터기에서 흰개미 군체가 다시 발견되었다. 4~5월경 흰개미 유시충들이 군비할 때 경내로 유입되어 큰 피해를 입힐 것으로 추정되었다.

| 건물 주변 수림 내 그루터기 | 발견된 흰개미 군체 |

3.4 흰개미 진단 및 방제

1) 흰개미 탐지법

■ 육안관찰

국내에 서식하고 있는 일본흰개미는 목재내부와 지중에서 생활하기 때문에, 활동하는 모습을 관찰하기 어렵다. 따라서 4~5월경 비온 다음 날 검은색의 날개 달린 흰개미 유시충이 날아다니는 모습을 관찰한다면 주변에서 흰개미가 서식중일 가능성이 높다. 흰개미 유시충들은 비행이 끝나고 날개를 제거하기 때문에, 버려진 날개를 통해서 흰개미의 군비 여부를 알 수 있다.

흰개미는 수분을 유지하기 위해 흰개미 길(蟻道, mud tube)를 만들기 때문에 흰개미 길의 존재 여부를 통해서 흰개미가 목조건축물을 가해하고 있는지 알 수 있다. 흰개미가 가해한 목재는 외관상 별 이상이 없어 보이나 내부가 수직 방향으로 가해되어 내부가 비어 가게 된다. 따라서 두드려 보면 가해되지 않은 목재를 두드릴 때와는 다른 소리가 들리므로 이를 통해 흰개미의 서식 여부를 확인할 수 있다.

흰개미 유시충 군비

흰개미 길(mud tube)

■ 흰개미 모니터링시편(Wood Device)

흰개미가 기피하는 목재추출성분의 함량이나 부위별 강도차이 등으로 인해, 흰개미는 살아 있는 나무보다는 죽은 나무를 선호하는 특성이 있다. 흰개미는 봄철 유시충의 군비를 통해 주위의 산림보다 상대적으로 건조하고 먹을 것이 적은 경내로 유입되는 경우가 있다. 우리나라의 사찰들은 대부분 산중에 있기 때문에, 현재 경내에 흰개미에 의한 피해가 없다고 해도 주위의 산림에서 흰개미가 다수 서식하고 있을 가능성이 높다. 주변 산림에서 흰개미가 서식하고 있는지를 살펴보는 가장 쉬운 방법은 흰개미가 선호하는 고사되거나 벌목된 나무 그루터기의 수피 부분만을 제거하여 내부를 관찰하는 것이다.

나무 그루터기 수피를 제거하여 흰개미 서식 여부 확인

이보다 적극적이면서 쉽게 할 수 있는 모니터링 방법은 흰개미가 선호하는 소나무를 말뚝 모양으로 가공하여 일정 간격마다 사찰 주변에 설치한 후, 정기적으로(1~2개월 간격으로) 뽑아 흰개미가 가해하였는지를 살펴보는 것이다. 주변에 벌목된 나무 그루터기가 없더라도 쉽게 흰개미의 서식 여부를 알 수 있으며, 전문가가 아닌 일반관리자들도 쉽게 수행할 수 있는 방법이다.

목재 모니터링 시편   흰개미에 의해 가해된 시편

■ 흰개미탐지기(Sonic Detector)

흰개미탐지기는 가해음과 충체의 진동음을 전기진동음으로 변환하여 증폭한 다음 출력함으로써 흰개미의 활동상황의 탐지와 방제효과 확인 등에 주로 이용된다. 또 흰개미에 의한 건조물의 피해 범위를 탐지할 목적으로 X선 촬영이 적용되기도 한다. 목재 단면을 X선으로 촬영하였을 경우 집흰개미의 피해 목재는 동심원 형태를, 일본흰개미의 피해 목재는 망상 구조를 나타나게 되므로 피해를 일으킨 흰개미 종류를 추측할 수 있다.

초음파탐지기 사용(호주, Moore Trees 社)

제3장 흰개미에 의한 목조건축물 손상

■ 극초음파탐지기(Microwave)

극초단파(Microwave)를 이용한 비파괴적 탐지 기술로, 육안관찰이 불가능한 지중흰개미가 목재 내부를 가해하고 있을 경우 흰개미의 움직임을 탐지하여 가해 여부를 확인한다. 극초단파를 목재 내부로 흘려 돌아오는 파장의 세기를 통해 가해 위치나 정도 등을 확인할 수 있다. 목재의 밀도에 따라서 측정값이 다르게 나타나며, 주변의 진동에 매우 민감하게 반응하므로 장비 사용 시 주의해야 한다.

극초단파 탐지기를 이용한 기둥 조사 모습

■ 흰개미 탐지견

흰개미 탐지견을 이용한 진단 기술은 폭발물 탐지견, 마약 탐지견과 같이 개의 민감한 후각을 이용하여, 흰개미의 배설물 및 가해 흔적을 탐지하는 방법이다. 흰개미 탐지견은 기둥 또는 하방을 중심으로 냄새를 맡고 다니다 흰개미 가해 흔적을 찾게 되면 더 이상 움직이지 않고 그 곳을 응시한다. 개의 신체적 특성상 목조건축물의 기둥 또는 하방만을 탐지할 수 있는 한계가 있지만 정확성은 매우 높으므로 흰개미 탐지의 효율적인 방안으로 기대되나 비용 등의 문제로 탐지견의 관리 및 실용화에 한계가 있다.

흰개미탐지견 탐지 모습

2) 흰개미 방제방법

흰개미의 방제법은 일반적으로 물리적 방제(Physical control), 생물학적 방제(Biological control), 화학적 방제(Chemical control) 등으로 크게 구분된다.

■ 물리적 방제(Physical Control)

흰개미는 먹이로서 재질이 연한 소나무 목재를 제일 선호한다. 강도가 강한 목재보다는 연한 목재를 선호하고, 동일한 목재 중 리그닌의 양이 많은 심재보다는 적은 변재를, 추재보다는 춘재를 더 가해한다. 그러므로 흰개미가 덜 선호하는 목재 종류를 건축 용재와 보수 재료에 사용하면 흰개미 방제에 더욱 효과적일 것이다.

또한 흰개미의 생태적 습성을 고려하여 마루 밑에 환기구를 설치하면 통풍과 채광이 원활하여 흰개미가 서식하기 어려운 환경이 된다. 비에 의한 물의 침입을 방지하고 건물 주변에 배수로를 설치하거나 건조물 주변에 불필요한 목재를 제거하여 흰개미의 유입을 방지한다. 초석을 높게 하여 흰개미의 주요 침입 경로인 기둥을 흰개미로부터 보호할 수도 있으며, 건조물의 목부재 중 토양과 직접 접촉하는 하방이나 기둥은 방의 처리를 한다. 건조물에 서식 중인 흰개미를 물리적으로 방제하는 방법에는 열처리 방법과 고압 전류에 의한 방제 방법 등이 있다.

가. 열처리 방법(Heat treatment)

흰개미는 정상적인 온도 범위를 벗어날 경우 온도에 대한 내성이 거의 없기 때문에 열에 의한 방제 처리가 효과적일 수 있다. 이 방법은 땅 속으로 이동하는 지중 흰개미보다는 지상으로 이동하는 건재흰개미(dry-wood termite)의 방제에 주로 사용되며 고온 처리 방법과 저온 처리 방법으로 나눌 수 있다.

고온 처리는 히터를 이용하여 뜨거운 공기를 생성한 후 처리 공간 내에 균일하게 분산시킴으로써 그 부분의 온도를 높이는 방법이다. 저온 처리는 흰개미의 침입을 받은 지역에 인접해 있는 벽 틈에 액체 질소를 주입함으로써 그 부분의 온도를 -20℃까지 낮추는 방법이다. 그러나 열이 균일하게 퍼지지 않는 구조물에 대해서는 비효과적이다.

나. 고압 전류에 의한 방제 방법(Electro-gun treatment)

전기총(electro-gun)은 일반 가정에서 사용되는 120V, 60Hz의 전류를 90,000V, 60,000Hz로 전환하는 회로를 이용하여 흰개미 군체 전체를 제거하는 방법이다. 흰개미가 서식하고 있는 목재에 전기총을 이용하여 90,000V의 전압으로 처리할 경우 목재 내부의 이동 통로 혹은 흰개미에 전류가 흘러 흰개미 군체 전체를 제거하게 된다는 것이다.

만약 전류량이 적어 흰개미에게 심각한 타격을 주지 않더라도 흰개미의 장 내부에 공생하는 원생동물들은 죽일 수 있기 때문에 결국 흰개미는 셀룰로오스의 분해가 불가능하여 2~6주 내에 죽게 된다. 이처럼 고압 전류를 이용하는 방제 방법은 인간이나 애완동물에게 화학적 영향을 미치지 않으며 접근 가능 지역에 따라 부분적인 방제 처리도 가능하다는 장점이 있다. 그러나 땅 속으로 이동하는 지중 흰개미(subterranean termite)의 경우에는 전류가 토양으로 쉽게 흡수되기 때문에 흰개미에 영향을 미치지 못하므로 지상으로 이동하는 건재 흰개미의 방제 처리에 적절한 방법이다. 또한 처리 지역이 지나치게 광범위하거나 사람이 접근하지 못하는 지역에 대해서는 불가능하므로 전문가에 의해서만 방제 처리가 가능하다.

■ 생물학적 방제(Biological control)

생물학적 방제는 천적 해충이나 기생충, 병원성 미생물 등을 이용하여 흰개미를 방제하는 방법이다. 생물학적 방제는 화학적 방제법과 비교하여 친환경적인 장점이 있으나, 아직까지 실제로 이용할 만한 방법은 거의 없다. 현재 균류의 entomopathogen을 이용하는 방법에 대해 활발하게 연구가 진행되고 있다. 균류의 entomopathogen 중 대표적으로 이용되는 것이 Metarhizium anisopliae로서, 200종 이상의 곤충을 감염시키는 병원균이다. 균류의 포자(conidia)가 감염을 일으키는 물질로 작용하며, 이것이 곤충의 표피에 부착한 후 곤충의 몸속으로 침투한다. conidia는 곤충의 체내에서 성장하면서 숙주 곤충을 죽이고 12~48시간 이내에 다른 곤충의 몸속으로 들어가게 된다. 이 때

제3장 흰개미에 의한 목조건축물 손상

conidia는 토양에서도 살아남아 곤충의 표피에 자연적으로 부착하며 흰개미의 경우 군체 내의 개체들 간에 나타나는 사회적 행동(몸 더듬기나 먹이 교환 행동)에 의해 다른 개체에게 전달된다.

■ 화학적 방제(Chemical control)

흰개미 피해가 발생된 지역의 목조건축물에 대해서는 약제에 의한 방제 처리가 병행되어야 절대적인 효과를 기대할 수 있다. 약제에 의한 방제 처리는 흰개미 방제 중 가장 적극적인 방법으로서 절대적인 효과를 기대할 수 있다. 현재 이용되는 흰개미의 화학적 방제법은 훈증 처리법, 토양 처리법, 방충방부제 처리법, 군체제거 처리법 등이 있다.

가. 훈증 처리법(Fumigation)

문화재에 약해가 적고 살충 효과가 높은 방법으로 문화재의 방제 처리로 가장 효과적인 방법이다. 훈증 처리는 방제 공간에 대한 확산 침투로 살충력이 가장 높으며 잔류성도 없다. 현재 문화재의 훈증처리에 사용되는 훈증제로는 메틸 브로마이드(Methyl bromide)와 에틸렌 옥사이드(Ethylene oxide), 바이케인(Sulfuryl fluoride) 등 3종의 약품이 사용되고 있다. 메틸 브로마이드는 비점이 4.5℃로 낮기 때문에 저온에서는 사용할 수 없으며 에틸렌 옥사이드는 수용성이 높아 함수율이 높은 목재에 있는 해충을 살충하는 데 문제점이 있다. 국내에서는 메틸 브로마이드와 에틸렌 옥사이드를 86:14로 혼합한 훈증제를 사용하고 있으며 미국에서는 바이케인을 주로 사용하고 있다.

훈증 처리법은 크게 상압훈증법과 감압훈증법으로 나눌 수 있다.

감압훈증법은 60mmHg의 감압상태에서 훈증 처리하는데 감압장치를 필요로 하며 불상, 회화, 고서적 등 소형의 문화재에 적용한다. 목조건축물의 흰개미 방제에는 보통 상압훈증법을 적용시킨다. 상압훈증법은 크게 피복훈증법, 밀폐훈증법, 훈증고훈증법, 포장훈증법 등 4종으로 나누어진다. 피복훈증법은 건물전체를 두께 0.1mm 이상의 염화비닐이나 타포린 천을 이용하여 피복한 후 내부에 훈증가스를 주입하는 방법이다. 처리 기간은 기온이 25℃일 때 훈증 시간 24시간, 투약량은 35~50g/m^3을 기준으로 한다(살충 살균일 경우 투약량은 100g/m^3을 기준으로 한다). 밀폐훈증법은 철근 콘크리트 구조물과 같은 비교적 기밀성이 높은 건물에 적용시키는 방법으로, 건물 전체나 일부를 밀폐하고 혼합 가스를 주입한다. 피복훈증에 비하여 기밀성이 높으므로 약량이 적게 들어가고 살충이 목적일 경우 16~20g/m^3(25℃, 24시간)을 기준으로 한다. 훈증고훈증법은 건물 내외에 특별히 전용훈증고를 설치하였을 경우 사용하는 방법으로 훈증고의 기밀성이 높으므로 약량은 밀폐훈증법과 동일 기준으로 한다. 포장훈증법은 회화, 미술공예품 등 소형의 문화재를 소량으로 처리할 때 사용하는 방법이다. 염화비닐로 처리 대상 문화재를 밀폐 포장한 다음 내부에 혼합 가스를 주입한다. 사용약량은 밀폐훈증법을 기준으로 한다.

현재 사용되는 훈증제 중 메틸 브로마이드는 오존층 파괴 물질로 규정되어 몬트리올 의정서에 따라 선진국에서는 2005년, 개발도상국에서는 2015년 사용이 금지되기 때문에, 우리나라 역시 2015년부터 메틸 브로마이드를 사용할 수 없게 된다. 따라서 대체 훈증가스나 훈증법을 대체할 방법들이 연구 중에 있다.

제3장 흰개미에 의한 목조건축물 손상

목조건축물 훈증처리

나. 토양 처리법(Soil termiticide injection)

토양 처리법은 처리 약품을 건조물 주변 토양에 주입하여 처리하는 방법으로 표면살포 처리법, 가압 처리법, 토양혼합 처리법 등 3종의 방법이 있다. 표면살포처리는 토양의 표면에 약제를 균일하게 살포하는 방법으로, 처리는 토양표면적 1m^2당 일정량의 유효약제를 살포한다. 가압처리는 수분이 많은 부분의 하부, 특히 강회나 토양에 드릴로 구멍을 뚫어 일정량의 유효약제를 강제로 가압 주입하는 방법이다. 토양혼합처리는 흰개미의 다발 지역에 소재하고 있는 건조물 주변의 토양에 처리가 꼭 필요한 경우에 적용되는 방법이다. 건조물의 외부 주변에 폭 20cm, 깊이 30cm의 구덩이를 파고 토양에 일정량의 유효 약제를 묻는다. 건조물 주변의 토양 처리는 흰개미 침입에 대한 방어벽으로 건조물을 장기적으로 보호할 수 있는 방법이다. 그러나 독성이 있는 약제가 토양으로 유입되기 때문에 우선적으로 주변 수질의 오염, 거주자, 동식물의 안전성을 유의해야 한다.

목조건축물 주변 흰개미 토양처리

다. 방충방부제 처리법

방충방부제 처리법은 목재의 표면에 직접적으로 흰개미 방지제를 처리하여 목재 표면에서의 곤충 유입을 막는 방법이다. 목재 처리법은 가압 처리법, 온냉욕 처리법, 확산법, 침적 처리법, 도포 처리법 등 여러 가지가 있지만 기존 목조건축물에 사용할 수 있는 방법은 도포 처리법 또는 가압 처리법으로 생각된다. 도포처리는 평붓을 이용하여 목조건조물의 기둥 상부로부터 하방재까지 목부재의 표면에 약제를 도포하는 방법이다. 분무 처리법은 분무기를 이용하여 약제를 균일하게 분무하여 처리한다. 가압처리는 목재 표면에 천공한 후 흰개미 방의제를 압력으로 주입하여 목재 내부에 확산시키는 방법이다.

라. 군체제거 처리법(Termite colony elimination system)

흰개미는 일흰개미가 가져온 먹이를 군체 내의 다른 흰개미들에게 전달하는 특성이 있는데, 군체제거 처리법은 이러한 생태적 특성을 이용하여 군체 전체를 제거하는 처리법이다. 먼저 흰개미들이 군체제거 시스템이 설치된 지역까지 오도록 유인하기 위한 유인제를 설치한다. 설치된 군체제거 시스템에 흰개미들이 접근하여 목재를 섭취하기 시작하면 유인제를 유해성분이 포함된 먹이로 교체한다. 먹이를 먹은 개체들은 자신들의 원래 군체로 돌아가 먹이 교환이나 배설물을 통한 먹이 교환과 같은 사회적 행동에 의해 군체 내의 다른 개체들에게 먹이와 함께 살충 성분을 전달하게 된다. 이런 과정을 거쳐 결국에는 흰개미 군체 전체를 제거하게 되는 것이다.

흰개미 예찰제어기(HGM)
섭식용 베이트

센트리콘 시스템 섭식용 베이트

군체제거 처리법은 군체제거 시스템이 설치되어 있는 장소에 흰개미가 유입될 때까지 기다려야 하므로 긴 시간이 걸린다는 단점이 있다. 일반적인 야외 조건에서는 약 3~6개월이 소요되지만 숲이나 주변에 먹이로 이용할 목재가 많은 지역에서는 더 오랜 시간이 소요된다. 하지만 다른 화학적 방제방법들에 비해 친환경적이고 군체 전체를 제거할 수 유일한 방제법이며, 살충제 처리가 불가능한 지역이나 구조물에서도 흰개미 방제에 사용할 수 있다. 또한 군체제거 시스템을 설치한 후 계속적인 모니터링만 잘 이루어진다면, 사전에 흰개미의 출현을 감지하여 목조건축물이 흰개미에 의해 손상되기 전에 미리 제거 하는 선제적 방제방법으로서 사용될 수 있다. 군체제거 시스템은 미국에서 개발된 Sentricon system(dow agrosciences 社)이나 국내에서 2012년 한국전통문화대학교와 (주)이다시티엔디에서 공동 개발한 흰개미 예찰제어기((주)HGM 社) 등이 있다.

3) 흰개미 방제처리 특성 비교

흰개미 방제처리는 가해 위치, 정도에 따라 알맞은 처리 방법을 선택하는 것이 좋다. 건물 내부에서 흰개미가 서식하는 것이 확인될 경우 단시간 내에 흰개미를 살충시키는 훈증 처리법이 시행되어야 하며, 이후 흰개미의 접근을 차단할 수 있는 방충방부처리, 토양처리 등이 이루어지는 것이 좋다. 군체제거 처리법의 경우 설치된 건물 주변의 군체 자체를 제거하는 방법이므로 그 효과가 뛰어나지만 처리까지 걸리는 시간이 다른 처리법에 비해 비교적 장기간 소요되므로 예방적인 차원에서 설치하는 것이 좋다.

처리법 구분	훈증처리	방충방부처리	토양처리	군체제거처리
처리방법	목조물 전체 피복 후 훈증제 투입	목부재 표면의 약품 함침 및 도포처리	목조물의 기단부, 주변 바닥에 살충제 투입	목조물 주변 설치
사용약품	메틸 브로마이드, 에틸렌 옥사이드 혼합가스	우드키퍼A 등	비펜스린 등	센트리콘 시스템, 흰개미예찰 제어기(HGM)
처리시기	5~6월, 8~10월	3~11월	5~6월, 8~10월	3~11월
처리기간	3~5일	-	-	6~12개월
특이사항	단기간 유지, 후속 방제처리 필수	3~4년 정도 유지	3년 정도 유지	모니터링 및 군체제거

4) 친환경 흰개미 방제방법

가. 종합유해생물관리프로그램(Intergrated Pest Management System)

유해 생물 관리 체계로써 유해 생물을 둘러싸고 있는 환경과 개체군 동태를 감안하여 유해 생물 개체군 밀도를 경제적 피해 허용 수준 이하로 감소시키고 그 상태로 유지시킨다. 농업 분야에서 수립된 IPM의 기본 개념을 박물관, 미술관 등의 소장 자료의 보존을 위해 적용하여 적용하였다. 캐나다보존연구소에서 종합적유해생물관리 프로그램의 5단계의 제어 방법을 개발하였다.

Avoid(회피) : 효과적인 청소·클리닝, 정리·정돈

Block(차단) : 해충의 침입 통로 차단

Detect(발견) : 유해 생물의 조기 발견 및 기록

Respond(대처) : 유해 생물의 방제

Recover(복귀) : 안전한 수장 공간으로 자료의 격납

■ **IPM의 장점**
- 화학약제 처리의 감소로 직원의 건강에 대한 위험성을 줄인다.
- 소장품의 변형과 열화에 대한 위험성을 줄인다.
- 생물방제 비용이 절약된다.
- 환경 개선을 통해 해충으로부터의 보호를 넘어 소장품의 장기적인 안정성이 강화된다.

■ **IPM의 단점**
- IPM의 수행을 위해 모든 직원의 통합된 노력이 필요하다.
- 실시 초기에는 전통적인 해충 관리에 비해 비용이 더 들 수 있다.

Detect(탐지)단계에 사용되는 곤충 트랩

나. 탈산소 처리법

탈산소 처리법은 식물 저장의 분야에서 개발된 것으로, 산소 부족 상태에서 해충을 치사시키는 방법이다. 해충을 박멸하기 위해 대기 중의 가스 중 산소 농도를 0.3% 미만으로 낮추어 생존에 치명적인 조건으로 만든다. 질소나 아르곤 등의 불활성 가스를 이용하는 방법(대규모 처리)과 탈산소제를 이용하는 방법(소규모 처리), 이를 조합한 방법 등이 있다. 0.1% 미만의 산소 농도에서는 곰팡이의 생육을 억제할 수 있지만 살균은 불가능하며, 살충에 필요한 시간은 해충의 종류나 생육 단계, 가해 형태, 온도, 습도, 산소 농도에 따라 다르다. 인체와 환경에

탈산소 처리 적용사례

제3장 흰개미에 의한 목조건축물 손상

안전하고 재질의 안정성이 높지만 처리 시간이 길고 고도의 밀폐성이 필요하다.

국내에서는 2010~2011년에 저산소처리를 대형목조건축물에 적용하는 실험을 실시하여 성공한 바 있다.

다. 감마선 처리법

감마선은 방사선의 일종으로서, 미생물이나 해충들의 DNA 화학 결합을 붕괴시켜 살충살균 효과를 얻을 수 있다. 식품의 상업적 이용에 활발하게 이용되어 왔으며, 현재에도 식품의 멸균을 위해 주로 사용되는 방법이다. 국외의 경우 문화재의 열화 방지 및 곰팡이 포자의 불활성에 대한 연구가 수행되었다. 감마선은 고도로 관리된 환경 하에서만 사용이 가능하므로 일반적으로는 처리가 불가능하며, 국내에서는 정읍방사선과학연구소에서 실시하고 있다. 저선량에서 살충살균이 효과적으로 가능하고 소형 유물의 방사선 처리는 가능하지만 대형 유물의 경우 처리가 불가능하다는 단점이 있다.

마. 천연약제 처리법

식물에서 추출된 정유 성분을 가공하여 방충방균제로 사용하고 있다. 우리나라에서도 팔각회향과 정향의 휘발성 추출물의 주성분인 anethol과 eugenol에 의해 높은 살충·살균 효과가 나타나며 유기질 재료에 대해서 안정한 것으로 확인되었다. 휘발성이 강한 제품을 전시 케이스 등에 넣으면 수개월 동안 공간 내의 충균활성을 억제시킨다. 또한 이러한 천연약제를 이용해 훈증소독 대신 분무소독을 실시하여 밀폐된 공간 내의 곤충 및 미생물의 활성을 감소시킬 수 있다. 국내에서는 2000년 이후 천연식물추출물을 문화재 보존에 활용하기 위한 연구가 지속되었으며, 국립문화재연구소에서 천연물 유래 생약성분을 기반으로 한 문화재보존용 방충방균제가 개발되어 상용화되었다.

휘발성 방충방균제 적용　　　　　천연약제를 이용한 분무소독

제3장 흰개미에 의한 목조건축물 손상

제4장
목조건축물 보존상태 및 관리방안

목재는 나무로 된 모든 재료를 칭하며, 석재와 함께 인류 역사의 시작부터 현재까지 주로 사용되고 있는 대표적인 재료이다. 수목에서 만들어낸 재료는 우리 생활에서 매우 작은 공예품을 포함하여 집안에 하나씩은 놓여있는 목가구, 사람이 살고 있는 집이나 사찰의 건축물인 목조건축물, 과거에는 선박에 주로 사용되어 왔고 일일이 나열하지 않더라도 우리 생활에서는 빼놓고 말할 수 없는 재료 중의 하나임이 분명하다.

우리나라에서 가장 오래된 목조건축물인 봉정사 극락전, 수덕사 대웅전, 부석사 무량수전을 포함하여 사찰 내에 대다수의 건물들은 목재로 조성되었고, 오늘날까지도 그 형태를 그대로 갖고 있으며, 수중 발굴로 그 역사와 형태, 가치를 되찾은 신안선 또한 대표적인 목조문화재이다. 선사시대의 유물도 출토·발굴되어 그 형태를 알 수 있는 석조문화재와는 달리 목조문화재는 재질의 취약성으로 인해 남아있는 유물과 건축물의 숫자가 많지는 않다.

목재는 유기물로 수많은 세포로 구성되어 있으며 이러한 세포들은 섬유모양의 긴 형태로 구조를 구성하고 있다. 셀룰로오스, 헤미셀룰로오스, 리그닌과 같은 대표적인 성분들로 구성되어 있고, 이러한 성분들은 다른 생물들의 영양원이 되고, 외부환경에 의해 손상이 발생하게 되므로 내구성이 약해진다는 단점을 갖고 있다. 특히 목조건축물의 경우, 그 규모와 용도의 특성상 외부 환경에 그대로 노출되어 실내에 소장되고 있는 목조문화재에 비해 열화 정도가 더 심각하다.

따라서 이번 장에서는 목재로 구성된 목조건축물을 중심으로 그 보존상태를 파악하고, 장기적인 보존을 위해서 어떻게 관리를 해야 하는지에 대해 알아보고자 한다.

4.1 목조건축물 관리

흰개미는 한번 발생하면 방제가 어렵고, 방제하여도 또 다시 발생할 확률이 높기 때문에 사전에 흰개미의 유입을 차단하는 것이 목조건축물을 흰개미로부터 지키는 가장 안전한 방법이다. 흰개미는 목재를 분해하여 에너지원으로 삼으며 생존을 위해 고습한 환경에서만 활동한다. 따라서 흰개미의 유입을 방지하기 위해서는 수분이나 목재와 같은 요소들을 제거해야 하며, 외부와 건물 내부의 온도 차이로 발생하는 결로가 누적되어 흰개미가 살기 좋은 고습한 환경이 될 수 있으므로 유의해야 한다. 흰개미의 유입을 막기 위해서는 일상적인 관리가 매우 중요하며 주요 점검 사항은 다음과 같다.

모니터링사항	모니터링관찰결과	
	Yes	No
마루 밑은 환기가 잘 이루어지고 있는가?		
마루 밑에 나무 부스러기 흔적이나 흰개미의 흔적이 있는가?		
배수로는 설치되었는가?		
배수로의 청소 상태는 양호한가?		
건물 내부와 외부의 온도 차이로 인한 결로가 자주 발생하는가?		
건축물 주변에 벌목된 나무 그루터기가 있는가?		
목재 바닥 위에 카펫이나 비닐이 깔려 있는가?		
건축물의 주변이나 내부에 목재나 볏짚 등이 적재되어 있는가?		

흰개미가 주변에 발생하였는지 알아보기 위해서 가장 편리한 방법은 흰개미가 좋아하는 소나무를 말뚝 모양으로 가공하여 주변의 산림이나 토양에 설치하고 주기적으로 뽑아서 아랫부분이 흰개미에게 가해되었는지 살펴보는 것이다. 한 달에 1회 정도의 모니터링으로도 충분한 효과를 얻을 수 있다.

1) 목조건축물 관리

가. 바닥, 마루/구들

마루 밑은 지면으로부터의 습기를 머금게 되고 빗물이 침입하기 쉬우나 건조가 어려운 관계로 부식에 대한 주의가 요구되므로 항상 환기가 되도록 한다. 불을 넣지 않는 구들의 경우 설치류 등이 살 수 있고,

구들에 불을 넣음으로써 건조시켜 건물의 손상을 방지할 수 있으므로 한 달에 한번 이상 군불을 넣어 주는 것이 좋다.

건물 바닥 장판으로 인한 습기

마루의 습기 발생

나. 기둥

기둥의 밑동은 빗물이 스며들어 고습 상태를 유지하면서 미생물에 의해 부후되거나 곤충에 의해 가해되기 쉽다. 기둥의 밑동이 썩어서 내려앉을 수 있으므로 고무망치로 두드려 텅 빈 소리가 나는지를 확인한다. 또한 기둥으로부터 목재 부스러기가 떨어질 경우 곤충의 가해가 진행되고 있을 가능성이 높으므로 기둥 바닥면에 잔 부스러기가 있는지를 주기적으로 확인한다.

기둥 바닥의 부스러기

기둥 하부의 습기

다. 천장

천장이나 지붕 부재의 변형 등으로 인해 비가 오면 누수가 발생할 수 있다. 비가 천장 부위로 스며들게 되면 천장부에 미생물이 발생하면서 얼룩이나 오염을 발생시킨다. 천장에서 빗물이 흐른 자국이 있는지를 확인하고, 누수가 확인되면 구조체의 변형이 함께 진행된 것이므로 전문가에게 도움을 요청한다.

건물 천정의 누수 확인

2) 주변환경 관리

가. 배수 시설

빗물로부터 건물을 보호하기 위해 낙수구 등의 배수 시설을 정비하여야 한다. 건물의 주변을 둘러싸고 배수로가 있는 것이 좋으며, 불가능할 경우 근처 배수구로 물이 바로 빠질 수 있도록 길을 내주는 것도 방법이다. 잘 갖춘 배수 시설도 토사나 낙엽이 쌓여 흐름이 나빠지면 본래의 역할을 할 수 없을 뿐 아니라 거꾸로 물이 고이게 되어 배수에 악영향을 주며 벌레가 모여들 수 있으므로 정기적인 청소가 필요하다.

| 물길을 낸 모습(배수로 없음) | 정비된 배수로 |

나. 수목 정비

문화재 건축물의 주변에 자라는 수목은 문화재와 자연이 하나가 된 아름다운 경관을 연출하는 역할을 하고 있으나 건물과 지나치게 가깝거나 너무 높이 자라면 지붕이 파손되거나 건물에 그늘을 만들어 습도를 높이게 된다. 가지가 지붕 위까지 늘어진 경우에는 적절히 가지치기를 하고 부러진 가지 등은 제거한다. 건물 주변에 그루터기가 있을 경우 흰개미의 서식처가 될 수 있으므로 벌채를 하지 않도록 하며, 부득이한 경우에는 벌채 후에 그루터기에 따로 방제처리를 실시하도록 한다.

수목으로 둘러싸인 건물

다. 일조와 통풍

북측보다는 볕이 잘 드는 남측이 일조와 통풍이 잘 유지된다. 건축물의 주위에 수목이 무성하게 자라면 채광과 통풍이 차단되고 나무에서 떨어지는 이슬이나 낙엽, 마른 잎 등이 건물에 피해를 주므로 적절히 가지치기를 하여 채광과 통풍을 확보한다. 건축물 주변에 높이 웃자란 잡초를 베는 것도 중요하다. 또한 마루 아래의 환기 공간에 통풍에 지장이 되는 물건을 놓지 않고, 잡초가 자라지 않도록 주의한다.

건물 후면의 습기에 의한 조류 성장   주변 잡초 제거

라. 그루터기 정비

문화재 건축물의 주변 정비를 위해 목재를 벌목한 뒤 그루터기만 남아 있는 경우가 있다. 고사된 나무의 그루터기는 흰개미의 서식처가 될 수 있으므로 제거하여 흰개미의 발생 위험을 차단하는 것이 좋다. 제거가 불가능할 경우에는 그루터기의 수피를 제거하여 흰개미 서식 여부를 확인하고, 흰개미가 확인될 경우에는 전문 처리 업체나 지자체의 도움을 받아 살충처리를 실시하는 것이 좋다.

건물 인근의 그루터기

목조건조물 흰개미 손상도 자가 진단법

건물 기둥에서 흰개미에 의한 손상이 발생될 때 나타나는 표시

- 기둥을 고무망치 등으로 두드렸을 때 빈 소리가 남
- 기둥 하부 및 하방 목재에 가해 흔적(1~2mm 천공)이 있거나 내부가 비어있음

건물 내부에서 흰개미에 의한 손상이 발생될 때 나타나는 표시

- 4~5월경에 건물 내부에 날개달린 검은색의 벌레가 날아다님 (흰개미 유시충의 군비)
- 건물 안쪽 기둥에 가해 흔적(1~2mm 천공)이 보임

건물 주변에 흰개미가 서식하고 있을 때 나타나는 표시

- 건물 주변의 그루터기에서 흰개미가 확인됨

4.2 목조건축물 유형별 보존상태 및 관리

1) 목조건축물 건물양식에 따른 보존관리

가. 벽이나 담장이 있는 전통건축물

전통 방식으로 한옥 건물의 기본 골격을 세운 뒤에 기둥과 기둥 사이의 벽을 만들 때에는 대나무를 새끼줄로 묶어 발을 친 다음 양쪽에서 짚을 넣어 반죽한 황토를 바르게 된다. 이렇게 만들어진 벽은 두텁게 바를 수 없기 때문에 단열이 잘 안되어 겨울에 외풍이 세다. 단열, 보안, 방화 등의 목적으로 벽 밖에 화방벽을 두르기도 한다. 특히 사당, 서원, 향교 건물 등에서 쉽게 찾아볼 수 있다.

축조방법·재료·장식 등과 같은 여러 가지 관점에서 분류하면 생울, 울, 판장, 돌담, 사고석담, 토담, 벽돌담, 영롱담 등으로 담장을 구분할 수 있으며, 화방벽의 형태로 사당이나 서원·향교의 건축물을 두르고 조적된 담은 돌담, 사고석담, 벽돌담이 대표적이다.

① 돌담 : 자연석만으로 쌓은 담장을 말하며, 돌각담이라고도 한다. 공기 유통과 배수가 자유로워 동결에 의한 변형이 드문 담장이다. 예전에는 서민들의 살림집 대부분이 돌담이었으나 지금은 거의 남아 있지 않으며, 제주도에서 많이 볼 수 있다.

② 사고석담 : 사고석담은 사괴석으로 쌓은 담장을 말하며, 괴석이란 방형으로 가공된 돌을 말한다. 사괴석을 벽돌 쌓듯이 쌓으며 줄눈은 밖으로 튀어나온 내민줄눈으로 한다. 보통 장대석을 2~3단 놓고 사괴

석을 쌓으며, 전체적으로 시각적인 안정감을 주기 위해 상부는 벽돌로 쌓아올리는 경우도 있다. 사고석담은 주로 궁궐이나 부유한 살림집에서 사용된다.

③ 벽돌담 : 벽돌을 쌓아 만든 담으로 중상류주택과 궁궐에서 널리 쓰였다. 주택에서는 검은 회색 벽돌을 쓰고, 궁궐에서는 붉은 벽돌도 사용한다. 윗면에는 암키와와 수키와로 지붕을 만들고, 처마에는 막새 기와를 쓰거나 수키와에 아귀코를 물리기도 한다.

돌담(온담)

사고석담장(반담)

벽돌담(온담, 기둥 노출 안됨)

벽돌담(온담, 기둥 노출)

문화재 생물학

담을 쌓은 높이에 따라서 온담과 반담으로 나뉘는데, 온담은 창방까지 벽을 올리고 반담은 중방까지 쌓는다. 또한 용지판을 대고 기둥을 노출시키는 경우와 그렇지 않은 경우로도 구분할 수 있다. 화방벽은 보온 등의 고유 기능을 가지고 있으나, 벽이 기둥을 덮을 경우에는 기둥의 통풍을 막고 습기를 머금게 하므로 흰개미가 선호하는 영양원이 될 수 있다. 또한 화방벽을 두른 건물은 대부분 좌, 우측면과 후면에 창이 없어 건물 내부가 어둡고 통풍이 원활하지 않아 건물 내부를 밀폐시키는 역할을 하여 건물 내부가 습해지면서 곰팡이 등의 미생물이 성장하기에 좋은 조건을 만든다. 따라서 평상시에 건물의 문을 개방하여 내부 통풍이 되도록 하며, 주기적으로 청소를 실시하여 생물피해가 진행되고 있는지를 파악한다.

제향을 위한 건축물은 대부분 건물의 내부에 돗자리나 장판 등이 깔려 있다. 건물 하부로부터 올라오는 습기가 돗자리나 장판을 통과하지 못하고 계속 축적될 경우 바닥에 곰팡이가 발생할 수 있다. 가능하면 건물 바닥과 떨어지도록 하여 통풍이 가능한 목재 팔레트를 설치하여 문제점을 해결할 수 있다.

건물 바닥에 깔린 왕골돗자리(습기에 노출됨)

건물 바닥에 깔린 비닐장판(미생물 발생)

목재 팔레트

나. 현대식 개량형 건물

전통 건물 중 창고나 주거 용도로 사용하기 위해 건물 내부에 배수 시설, 수도 시설이나 난방시설을 설비하는 경우가 있다. 전통식 온돌 난방은 군불을 피워 건물 하부의 습기를 건조시키면서 동시에 연기를 통한 훈증의 효과가 있다. 그러나 난방 방식이 현대적으로 변화하면서 수도관이 건물 바닥으로 들어오고, 건물의 하부는 더욱 높은 습도를 가지게 되면서 온도는 따뜻해지므로 생물이 살기 좋은 조건이 된다. 따라서 곤충뿐만 아니라 설치류, 파충류 등이 겨울철에 건물 하부에서 발견되기도 한다. 배수 시설이나 수도 시설 또한 건물 내부의 습도를 높임과 동시에 건물 일부가 물에 젖어 있는 상황을 만들게 되며, 수분에 의해 연해진 목재는 흰개미 등에게 좋은 영양원이 된다. 특히 건물의 외관은 전통식이지만 현대식으로 개량하여 짓는 건물은 벌채된 지 얼마 지나지 않은 부드러운 신부재를 기둥으로 사용하기 때문에 흰개미가 더욱 선호하게 된다.

배수 시설 및 수도 시설 설비

개조한 화장실 입구의 흰개미 피해

배수 시설이나 수도 시설 주변에 누수 되는 곳이 없는지 주기적으로 확인하여 수분이 건물 하부에 영향을 주지 않도록 하고, 배수 시설 사용 시에는 물기가 목부재에 직접적으로 닿지 않도록 유의한다. 사용 후에는 물기를 닦아내어 건물 내부에 습기가 남아 있지 않도록 하는 것이 좋다. 건조를 위해 문을 개방하는 것도 좋은 방법이다.

온돌 난방시설이 남아 있는 경우에는 1년에 3~4회 이상 주기적으로 군불을 피워 건물 하부를 건조시키도록 하는 것이 좋다.

화장실 습기 제거 및 개방

온돌 난방(아궁이 사용)

2) 목조건축물 용도 및 관리 기관에 따른 보존관리

가. 개인

■ **관리 특징**
- 소유주 개인이 거주하는 경우가 대부분이나 일부 방치된 경우도 있음
- 거주를 위해 수도시설, 배수시설, 난방시설, 조명시설 등을 개조하여 사용함
- 건물 개량으로 인해 습도가 높아져 생물손상이 급격히 발생함
- 생활용품이나 장작더미 등이 건물 주변에 산재함

■ **일상적 관리방안**
- 건물의 문을 주기적으로 개방하여 건물 내부를 통풍시킴
- 온돌난방 사용이 가능할 경우 여름철 주기적으로 불을 피워 건물 하부의 습기를 건조시킴
- 건물 주변은 통풍이 원활하도록 물건을 배치하지 않음
- 마당에 평상 등을 놓을 때에는 가급적 물이 닿지 않는 곳에 만들고 평상의 하부는 금속편 등으로 마감처리를 실시함
- 건물 주변의 잡초나 나무 등은 우거지지 않도록 자주 가지치기를 실시함
- 목조건축물 주변 그루터기 제거 및 관리

문제점	개선점

건물 주변 정비 필요	건물 주변이 정비되어 있는 모습

나. 서원 및 향교

■ 관리 특징
- 사람이 거주하지 않고 제례 때만 사용
- 건물 구조상 후면이 전돌 또는 석축으로 둘러싸여 있어 후면부 목재기둥의 함수율이 높음
- 제례가 없을 때 건물이 밀폐되어 있어 통풍이 원활하지 않고 상대습도가 높음
- 일반인이 접근하기 어려워 건축물 내부의 충해 피해의 확인이 어려움
- 바닥에 설치한 돗자리는 지면 수분의 흡방습을 차단하여 곰팡이가 발생할 수 있음

■ 일상적 관리방안
- 여름철 건물의 문을 주기적으로 개방하여 건물 내부를 통풍시키도록 함
- 여름철 건물내부의 과습을 방지하기 위해 제습기를 설치하여 습도를 낮추도록 함
- 건물 바닥은 목재 팔레트를 설치하여 바닥의 수분 이동이 가능하도록 조치
- 건물내부에 온습도 측정기를 설치하여 환경 모니터링을 실시
- 목조건축물 주변 그루터기 제거 및 관리

문제점	개선점

건물의 담장

환기(문 개방)

비닐 장판(미생물 피해 유발)

목재 팔레트

다. 사찰

■ **관리 특징**
- 사람이 주거하지 않으나 정기적으로 예불을 위한 승려 및 신도가 매일 사용
- 난방 및 수도시설 등의 개량형 시설 설치 안됨
- 계절에 따라 일반적으로 건물의 문을 열어 놓음
- 실내구조물의 변경이 많고 신도의 출입에 따른 손상요인 발생
- 조명시설 및 예배용 음식 등에 의한 해충 유인

■ **일상적 관리방안**
- 곤충을 유인할 수 있는 음식물의 반입 금지
- 여름철 실내조명으로 인한 곤충유입을 방지하기 위해 건물 주변에 자외선 유인등을 설치하고 주 출입구에 방충망을 설치
- 청소도구, 제례용품, 방석 등이 기둥 및 바닥 등을 막지 않도록 함
- 겨울철 방한을 위한 비닐 문풍지는 여름철 제거하여 목재함수율 증가 방지
- 목조건축물 주변 그루터기 제거 및 관리

문제점	개선점
건물 밀폐	건물의 개방
제례 용품의 방치	주변 정리된 모습

제4장 목조건축물 보존상태 및 관리방안

라. 궁

■ **관리 특징**
- 민간에게 일부 공개하나 대부분 비공개 건물임
- 비공개 건물의 경우 대부분 밀폐되어 관리됨
- 건물 내부에 사용되지 않는 비품들이 보관되어 있는 경우 있음
- 전통 온돌난방시설 등이 있고 난방 및 수도시설 등 개량시설이 거의 없음

■ **일상적 관리방안**
- 여름철 건물의 창문 및 문을 열어 통풍을 시킬 것
- 주기적 청소관리를 통해 목부재의 충해 가해여부를 모니터링
- 건물 주변이나 내부의 비품은 따로 창고를 만들어 보관하도록 함
- 1년에 3~4회 이상 전통 온돌난방을 실시해 목재의 수분 함수율을 낮춰줌
- 건물의 누수되는 부분에 대한 보수 및 관리
- 목조건축물의 주변 그루터기 제거 및 관리

문제점	개선점

밀폐된 비공개 건물 내부

개방된 건물

행사 용품이 방치된 모습

깨끗하게 정리된 건물 내

3) 목조건축물 위치에 따른 보존관리

가. 산림

■ 특징
- 산림이 대부분 건물의 후면부에 위치하여 건물 후면부의 통풍이 원활하지 않음
- 건물 후면부에 근접한 담장이 있어 통풍이 막혀 있음
- 주변에 조경을 위한 초본 및 수목이 다수 존재함
- 산림에서 유입되는 곤충, 특히 흰개미에 의한 피해가 심각함

■ 일상적 관리방안
- 산림으로부터 내려오는 우수 유입 방지를 위한 배수로 설치
- 건물 후면의 통풍이 원활하도록 건물 주변에 놓인 비품 제거
- 담장은 건물후면에서 5m 이상 설치하여 후면부 통풍성 증진
- 주기적인 청소를 통한 생물피해 발생 여부 모니터링
- 건물 주변의 그루터기에서 흰개미 서식 여부를 상시적으로 확인

문제점	

산림과 인접한 건물	

건물 후면의 비품	건물 인근 산림의 그루터기

나. 해안 및 강가

■ 특징
- 수원이 근접하여 상대습도 및 목재함수율이 높음
- 건물 기둥의 미생물 부후가 발생하기 쉬움
- 습기에 목부재의 함수율이 높아 흰개미 발생
- 습기에 의한 벽체 또는 단청안료의 박락이 발생함

■ 일상적 관리방안
- 통풍이 원활하도록 건물 주변의 비품 제거
- 주기적인 청소를 통한 생물피해 발생 여부 모니터링
- 건물 주변의 그루터기에서 흰개미 서식 여부를 상시적으로 확인

문제점

수분 노출에 의한 기둥 하부의 부후 및 단청안료의 박락

건물 기둥의 표면오염균 및 부후균 생장

/제5장/
석조문화재 생물손상

자연환경에서 쉽게 볼 수 있는 돌, 석재로 구성된 유물들은 구석기 시대의 주먹도끼, 선사시대의 생활상을 그대로 보여주는 울주 대곡리 반구대 암각화, 청동기시대의 대표적인 무덤 양식인 고인돌부터 불교문화가 유입되면서 만들어진 석탑과 조선 왕릉에서 죽은 자의 혼을 지키는 문·무인상에 이르기까지 매우 다양하다. 또한 불교관련 석조유물을 비롯하여 많이 알려진 유물 외에도 제주도의 상징물인 돌하르방, 마을의 입구에 주로 위치하고 있는 선돌(입석), 묘 앞에 놓인 동물 형태의 석수 등 이전부터 당시의 문화나 신앙 등을 표현함으로써 오늘날까지 전해 내려오고 있다. 목재나 섬유, 금속 유물과 비교하여 오랜 시간 그 형태를 간직할 수 있었던 이유는 석재가 내구성이 좋다는 특징이 있고, 다른 재료들 보다 쉽게 찾거나 구할 수 있는 특징으로 다양하게 사용되어 왔기 때문이다.

이러한 석조문화재는 예술적·종교적 표현을 위해 전 세계적으로 건축물 및 고대 기념물과 같은 건조물을 비롯하여 조각상과 같은 규모가 작은 소형 유물의 주요 재료로 사용되어 왔고, 우리나라 또한 석탑, 석불 등 다양한 석조문화재들이 전국에 걸쳐 분포하고 있다. 다양한 재질로 구성된 우리나라 지정·등록문화재에서 석조문화재는 약 22%의 비율을 차지하고 있으며, 그 중 국보 문화재는 25%, 보물은 29%, 등록문화재는 41%로 다른 재질에 비해 월등하게 높은 비율을 차지하고 있다.

석조문화재는 그 규모와 재질의 특성상 대부분 야외, 옥외에 그대로 노출되어 있다. 온도와 습도, 비바람, 대기오염, 생물 등 환경에 많은 영향을 받게 되며 이러한 요인들에 의해 석재에 손상이 발생하게 된다.

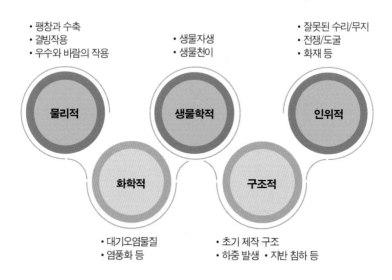

석조문화재 풍화 및 손상 요인

5.1 석조문화재 생물손상

　석조문화재의 손상은 일반적으로 '풍화'라고 지칭한다. 풍화란 암석이 물리적이거나 화학적인 작용 등으로 인해 부서져 토양이 되는 변화 과정이다. 물리적, 화학적, 생물학적 풍화로 구분할 수 있고 풍화에 영향을 미치는 요인은 암석의 종류와 구조, 기후, 시간 등이 있다. 물리적 풍화 작용은 물질의 성분 변화와는 관계없이 암석의 그 상태만을 변화시키는 것으로 석재의 공극에 있던 물이 얼면서 부피 팽창으로 인해 풍화가 발생하기도 한다. 화학적 풍화는 가수분해나 산화작용, 용해작용 등을 통해 암석이나 광물의 성분을 변화시킨다. 생물학적 풍화는 석조문화재에 생물들이 생장하면서 발생하는 것으로, 표면에 침착된 유기물 등이 미생물의 영양원으로 작용하여 생물 발생을 유발하며, 이에

석조문화재에 발생한 생물피해(왼쪽 : 여주 영릉 문인상, 오른쪽 : 캄보디아 타프롬 사원)

따른 생물막(biofilms) 형성은 석재의 심각한 표면오염 및 이차적인 풍화를 증진시키는 등 석재의 풍화를 촉진시킨다. 석재 표면에서 생물의 발생은 생물종과 석재의 특성(광물질 조성, 영양분, pH, 다양한 광물질의 조성, 염분, 함수율 등)에 따라 좌우될 수 있으며, 온도, 상대습도, 광조건, 공기 오염 정도, 바람, 강수량 등과 같은 주변 환경 조건에 따라 발생될 수 있다.

석조문화재에 손상을 줄 수 있는 생물은 미생물인 박테리아(bacteria), 곰팡이(fungi)에서 하등식물인 조류(algae), 지의류(lichen), 이끼류 및 선태류 그리고 고등식물(higher plants)에 이르기까지 다양하다. 우리나라는 생물이 번식하기 좋은 무덥고 습한 여름철이 있으며, 대부분의 석조문화재가 옥외에 노출되어 있어 생물체에 의한 석조물의 풍화가 심각하게 발생될 수 있다.

5.2 손상요인

석조문화재에서 발생된 생물학적 손상은 크게 물리적 손상, 화학적 손상 그리고 생물체의 성장에 따른 표면 오염 즉 미관 손상으로 나눌 수 있다. 석조문화재의 물리적 손상은 생물체 혹은 생물체의 조직이 성장하는 동안 석재 표면 재질에 압력을 가해 발생된다. 석재와 석재 사이에 흙, 먼지 등이 바람에 날아와 쌓이고, 여기에 미생물의 균사, 초본류나 넝쿨 식물, 심지어 나무까지 뿌리를 내리고 생육하기도 하는데, 뿌리의 압력에 의해 석재의 균열이 발생하고 문화재의 구조 안전에 심

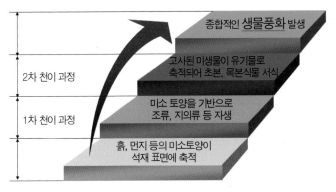

생물풍화의 진행 과정

각한 문제를 발생시키기도 한다. 또한 건조와 습한 상태가 반복되는 동안 부착 부위의 주기적인 약화 현상으로 석재에 손상을 발생시킬 수 있다. 특히 빗물에 의해 지면에서 올라온 토양은 많은 양분이 포함되어 생물의 생장 조건을 만들기 때문에 대부분의 석조문화재 하부는 생물의 피복도가 높다. 이러한 환경은 이끼와 고등식물의 서식 조건을 조성하여 더 많은 피해를 야기한다.

일단 석재가 생물에 의한 물리적 손상을 받게 되면 화학적 손상과 같은 이차적인 다른 손상을 받기 쉽다. 대부분의 미생물과 식물들은 성장하는 동안 산성 물질인 유기산을 분비하며, 이는 석재를 녹이고 손상을 줄 수 있다. 이러한 산은 석재 재질을 염(salt)과 킬레이트(chelate) 화합물로 변화시키고 이와 같은 부식 생성물이 석재 내부에 발생되면 물리적 압력을 증진시켜 석재를 손상시킬 수 있다. 부식성 기작에 따른 석재의 화학적 손상은 무기 또는 유기산이 형성될 때 발생된다. 대표적으로 석조 문화재의 표면에 넓게 퍼져 서식하는 지의류는 뿌리에서 고유의 지의산을 분비하여 암석에 있는 무기영양물질을 녹이고 이를 흡

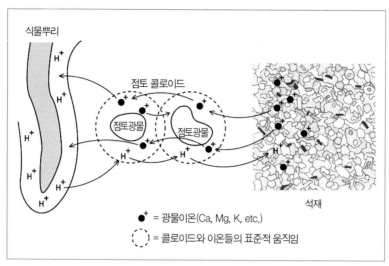

식물뿌리

점토 콜로이드

점토광물 점토광물

석재

● $^+$ = 광물이온(Ca, Mg, K, etc.)

◌ = 콜로이드와 이온들의 표준적 움직임

식물 뿌리와 석재의 광물 이온 추출-교환 메커니즘

수하여 생육한다. 여기서 석질이 토양화되는 화학적인 변화와 함께 식물의 뿌리가 미세한 조암광물 틈을 파고들어 석조 문화재의 표면이 박락된다.

또한 석조문화재 표면에 자생하는 식물이 번성하면 석재 표면은 변색되고, 식물들로 피복되어 외부 조각 등을 알아볼 수 없게 되기도 한다. 특히 문양과 기록물이 조각된 석조 문화재가 많은 우리나라에서는 생물체의 성장에 따른 미관의 손상 방지가 매우 중요하다. 또한 이러한 생물체의 미관 손상은 이차적으로 물리적 손상을 발생시킬 수 있다. 이러한 생물들을 제거해 주어 문화재 보존에 안전한 환경을 조성해 주어야 하는데, 캄보디아 앙코르의 타프롬 사원과 같이 제거가 불가능한 심각한 경우도 있다. 비둘기와 같은 조류 분비물에 의해 오염, 부식되는 것도 생물학적 훼손 요인에 해당된다.

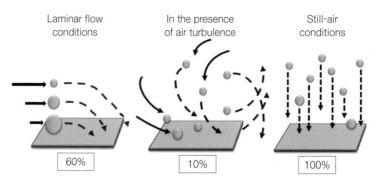

Laminar flow conditions	In the presence of air turbulence	Still-air conditions
60%	10%	100%

석재 표면의 미생물 부착 메커니즘

1) 지의류(Lichen)

지의류란 생육 조건이 다양하여 나무, 토양, 암석의 표면에 부착하여 생육하는 조류(algae)와 균류(fungi)의 공생체이다. 지의류는 생장의 형태에 따라 기질에 밀착하여 분리가 어렵고 상피층이 없는 고착지의류(Crustonselichen)와 가근(rhizine)으로 기질에 침식하는 전형적인 엽상 모양을 하고 있는 엽상지의류(Foliose lichen), 모상에서 수피상에 이르기까지 다양한 형태를 나타내는 나무 모양을 한 수상 지의류(Foliose lichen)의 세 가지로 구분한다. 엽상지의류(Foliose lichen)는 가근(rhizine)으로 기질을 침식한다. 나무 모양을 한 수상지의류(Friticose lichen)는 모상에서 수피상에 이르기까지 다양한 형태를 나타낸다.

이중에서도 암석과 돌에 부착 생육하는 고착지의류가 직접적으로 석조문화재와 관련이 많다. 고착지의류는 생육이 대단히 느리며 건조 시에도 젤라틴(gelatin)층으로 수분의 증발을 막아 생명을 존속시키

제5장 석조문화재 생물손상

며 비가 오면 갑자기 많은 물을 흡수한다. 생장은 매우 느리며 장기간 건조해도 쉽게 죽지 않는다. 고착지의류에 의해 덮이면 조류(algae)에 의한 광합성과 질소동화작용으로 유기물을 합성한다. 이때 곰팡이의 균사는 유기물합성에 필요한 수분과 양분을 공급한다. 이들 유기물 중에는 수십 종의 지의산을 만들어 암석의 표면을 부식하고, 축적된 먼지와 유기물 등으로 수분의 함수량이 많아지게 되어 생육은 더욱 활발해진다. 위의 과정이 반복될수록 지의류의 가근이 암석을 더욱 침투하여 부식하게 된다.

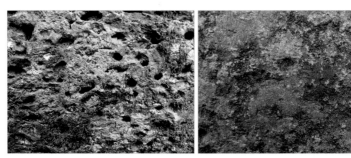

석조문화재 표면에 생장 중인 지의류
(왼쪽 : 캄보디아 Banteay Srei, 오른쪽 : 경주 감은사지 금당터)

■ 지의류의 형태

지의류의 외형으로 보이는 부분을 원엽체라 하며, 균류나 조류와 다른 영양체와 형태는 흡사하나 균류와 조류의 공생체이다. 일반적인 지의류의 절단면과 형태를 보면 그림에서 보는 바와 같다.

■ 지의류의 생장과 생리

지의류는 건조에 대하여 놀랄 정도로 저항력을 갖고 있다. 곰팡이

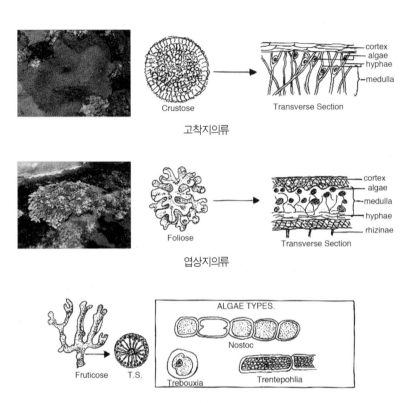

고착지의류

엽상지의류

수상지의류 및 조류 형태

군사의 세포질은 두터운 젤라틴(gelatin)벽에 의하여 건조로부터 보호를 받는다. 원엽체가 건조할 때, 극히 높은 온도나 극히 추울 때는 동면하는 식으로 견디어 낸다. 원엽체는 비를 맞으면 자신의 무게보다 3~35배의 물을 흡수한다. 이 군사는 흡수한 물을 medulla 속에 보존하여 물질대사가 활발한 조류층에서 사용한다. 빛을 좋아하는 지의류를 어둡고 습기 있는 곳으로 이식하면 1~2개월 내에 죽는다. 이 경우는 곰팡이를 장기간 습기 있는 곳에 방치하면 곰팡이가 조류의 숙주를 압도하여 주류를 파괴하게 된다. 지의류는 바위의 광물질을 흡수한다. 비

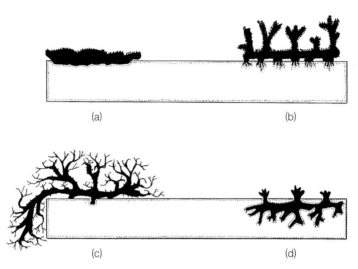

석재 표면의 지의류 생장 형태
(a) 고착지의류 (b) 엽상지의류 (c) 수상지의류 (d) 내재성 지의류

는 유기질소와 무기질소를 가지므로 시아노박테리아(cyano-bacte-ria)는 이것을 이용하여 공중 질소를 어느 정도 고정할 수 있다.

■ 생식 및 번식

원엽체 위에는 특이한 돌출부분이 있다. 이들을 형태적으로 분류하여 아체(soredia), 이시디아(isidia), 스쿼어뮬(squamule)이라 부른다. 이들 영양체가 떨어져서 바람이나 물에 의하여 사방으로 퍼져 가서 다른 석재에 부착되면 새로운 영양체를 만드는 무성생식 방법이다. 그 외에 무성생식법으로는 지의류 성분인 불완전균으로 생성하는 무성포자에 의한 방법도 있다. 유성생식법으로는 지의류의 성분에 따라 다르나 자낭균인 경우는 피자기, 라자기에서 만든 자낭포에 의하여 번식하며 담자균인 경우는 담자포자로 번식한다. 또한 조류의 유주자에 의한 번식도 이 방법에 속한다. 그러므로 번식 방법에 있어서는 대단히 다양하며 유성생식법으로 번식한 각각의 균류와 조류가 모여서 다시 공생하여 지의류가 되는 것이다. 주로 암석에 부착하는 고착지의류에는 *Parmelia tinctorvm, Parmelia caperate, Parmeliopsis diffusa, Gyrophora esculenta, Cetraria lacunosa, Anzia japonica*와 그 외에 *Lecanora* spp. 등이 있다.

■ 지의산의 작용

지의류는 습기가 없고 건조한 석조문화재 위에도 무성생식이나 유성생식에 의한 방법으로 착생하여 생장할 수 있다. 과거에는 지의류가 암석에 부착하여 풍화작용을 막아 주는 역할을 한다는 보호론적 견해도 있었다. 그러나 지의류가 암석을 부식하여 토양으로 전환시켜 준다는 일반적인 사실을 알게 되었다. 지의류가 암석을 어떻게 부식하는가 하는 문제에 대하여 최초에는 지의류가 수소이온과 교환하여 광물질인 암석을 녹여서 산도가 낮아지거나 용해도에 영향을 줄 수 없다고 믿었다. 또한 젤라틴질의 지의류는 습할 때나 건조할 때에 팽창하였다가 오므라들기 때문에 암석을 파괴한다는 견해도 있었다. 그러나 최근의 학설에 의하면 지의산은 킬레이트화 작용에 의하여 돌을 분해한다고 한다. 즉, 킬레이트화 작용을 통하여 지의산이 단단한 돌 중의 광물질로 부터 칼슘, 마그네슘 외의 다른 금속 이온들을 제거한다는 것이다. Lecanoric acid라는 일종의 지의산에 의하여 석재 중의 칼슘이 제거되는 과정은 다음과 같다.

지의류는 돌을 분해하여 토양을 형성한다고 알려져 있다. 돌 이외에도 나무껍질, 나뭇가지 등에 균사를 내어 공격한다. 지의류는 석조문화재를 보호한다는 견해보다는 석재를 분해하여 파괴하는 해로운 영향을 주고 있다.

2) 선태류(이끼류, Moss)

수분이 항상 충분하고 유기물과 토양이 축적되면 이끼류가 발생한다. 지의류가 이미 암석 위에 충분한 양분과 수분을 보유하고 있으면 이끼가 발생하여 지의류와도 공생하는 예가 많다.

암석 위에 유기물이 축적된 부위에 먼지가 쌓여 토양화되어 수분이 많은 움푹 파인 곳이나 암석과 다른 암석의 사이나, 암석과 식물 사이에 잘 자란다. 이끼류는 암석과의 접촉 부위가 지의류보다는 적은 편이므로 지의류와 같이 유기산에 의한 부식은 덜 받는 편이다. 그러나 이끼류는 암석 위에 수분을 더 많이 보유하고 있으므로 유기물에 의한 암석의 화학적인 부식 작용을 촉진하는 결과를 초래한다. 이끼류가 건조한 바위나 암석 위에 적은 것은 충분한 수분이 바위 위에 항상 부족하기 때문이다.

이끼류의 분류학적 명칭은 선태류로서, 식물로서의 엽상을 갖는 태류(liverworts)와 각태류(hornworts), 그리고 뿌리, 잎, 줄기의 분화가 뚜렷한 선류(mosses)의 세 가지로 구분된다. 생식은 아체(gemma)에 의한 무성생식 이외에 포자 및 배우자에 의한 정기유성생식법이 있다. 포자는 발아하여 원사체(portonema)를 형성하고 여기에 배우자가 만들어진다. 수정이 끝난 알은 배우체에 붙은 상태로 발아하여 포자체를 형성하므로 포자체가 배우체에 기생하고 있는 형태를 하고 있다.

이끼류 중 선류는 헛뿌리/가근(rhizoid), 줄기(stem), 잎(leaf), 자루(stalk), 홀씨주머니/포자낭(capsule)로 구성되어 있다. 홀씨주머니는 말 그대로 홀씨가 만들어지는 주머니로 홀씨가 성숙하면 선개(蘚蓋)가 열려 새로운 식물로 싹틀 수 있도록 내보내며 자루는 홀씨주머니를 지지하여 양분을 흡수할 수 있도록 해주는 축 역할을 한다. 잎은 줄기에서 나온 이끼의 일부분으로 이 부분에서 물과 무기염류를 흡수하고 광합성을 한다. 줄기는 나선형 잎이 나오는 이끼의 주요 부분으로 수직으로 똑바로 서거나 편평하다. 헛뿌리는 이끼가 석재 재질과 같은 기질에 단단히 고정할 수 있기하며 물과 무기염류를 흡수할 수 있도록 하는 뿌리 모양의 조직이다.

정림사지 5층석탑에 생장 중인 선태류(왼쪽: 우산이끼/태류, 오른쪽: 솔이끼/선류)

제5장 석조문화재 생물손상

3) 초본류

초본류는 줄기가 나무질이 아닌 초질로 이루어진 식물을 일컫는
다. 초본류는 성장주기에 따라서 1년생식물, 2년생식물, 다년생식물로
분류할 수 있다. 1년생식물은 1년 이내에 발아, 성장, 개화, 결실과정을
거친 후 식물체가 고사하는 것을 지칭한다. 2년생식물은 발아로부터
개화, 결실하여 고사하는데 1년 이상 2년 이내의 시간을 필요로 하는
식물을 지칭한다. 다년생식물은 말 그대로 여러 해를 사는 식물을 지칭
하며 일반적으로 봄에 싹을 틔우고, 잎과 꽃을 피운 뒤 씨를 맺고 죽는

황룡사지 유구 내 초석을 피복한 잔디와 그 위에서 자생하는 이끼류

정림사지 5층 석탑을 기반으로 생장 중인 초본류
(왼쪽 : 야산고비/다년생식물, 오른쪽 : 방동사니대가리/1년생식물)

다. 그러나 그 뿌리는 살아남아 다음 해에도 다시 싹을 틔우고 꽃을 맺는 과정을 반복한다. 다년생 식물이라고 해도 그 수명은 각기 다르나 초본류는 일반적으로 10년 내외로 그 수명을 다한다.

초본류 중 문화재와 관련하여 가장 흔하게 볼 수 있는 것이 바로 잔디이다. 잔디는 다년초로 재생력이 강하고 식생 교체가 일어나며, 조경의 목적으로 이용되는 피복성 식물이다. 사찰이 없고 초석 등 그 터만 남아 있는 사지에서 미관상의 이유로 쉽게 볼 수 있고 구할 수 있는 잔디로 유적 정비를 실시한다. 또한 망초, 흔히 잔꽃풀이라 불리는 2년생식물은 생장하면 그 높이가 약 1.5m이며 이러한 초본류의 깊고 곧은 뿌리는 문화재에 심각한 손상을 유발할 수 있다. 석탑의 경우 주로 기단부 부근의 부재들 틈에서 자생하며 터에 남아 있는 초석의 경우는 정비를 목적으로 식재된 잔디가 초석을 덮어 버린다. 이렇게 석조문화재에 자리 잡은 초본류는 틈 속에 뿌리를 내리고 생장점에서 나오는 대사산물 등의 킬레이션에 의한 암석 내 금속성분의 제거로 직접적인 석재의 균열을 초래할 뿐 아니라 지면 또는 공기 중의 수분이 침투하여 동결, 융해 과정을 거치며 암석의 열화를 촉진시키는 주요인이 될 수 있다.

5.3 석조문화재 생물손상 피해 사례

국내 석조문화재 생물풍화 손상 상태에 대해 2000년부터 2005년까지 5년 동안 한국문화재보존과학회 석조문화재 분과에서 전국에 분포된 국보와 보물급 석조문화재 현황을 종합적으로 분석하고 진단하여 보존 관리 방안을 보고한 바 있으며, 그 훼손 등급을 5등급으로 분류하였다.

2000년도에는 경북 지역에 분포된 국보와 보물급 석조문화재 138건을 종합적으로 분석한 결과 생물훼손등급이 5등급인 문화재는 19건이었고, 2002년도에는 전라남북도와 제주도 지역의 109건 중 5등급은 8건이었다. 2003년도에 서울과 충청남북도에 분포하고 있는 111건을 조사한 결과 8건이 5등급에 해당되었으며, 2004년도에 경남, 울산, 부산, 대구 지역에 있는 77건 중에서 5등급은 모두 10건으로 조사되었다. 2005년도에 강원도, 경기 지역에 분포하고 있는 98건을 조사한 결과 5등급은 8건으로 조사되었다. 위의 결과를 종합한 결과 석조문화재 533건 현황 조사 결과 생물훼손등급이 5등급인 석조문화재는 모두 53건으로 조사되었다.

아래 6건의 석조문화재 생물피해 사례들은 2002년 9월에 실시하였던 경상북도 석조문화재 보존상태 실태조사의 결과로 그 당시의 생물피해 상황을 기재한 것이며, 이러한 결과를 토대로 차후 보존처리가 시행되었다.

구미 도리사 석탑

1. 개요
- 종목 : 보물 제470호
- 분류 : 유적건조물 / 종교신앙 / 불교 / 탑
- 소재지 : 경북 구미시 해평면 도리사로 526, 도리사
- 시대 : 고려시대

2. 생물피해 현황
- 석탑 표면에 전체적으로 지의류가 자생하여 덮고 있으며, 선태류가 일부 성장하고 있음
- 주변에 위치한 담장 외측의 나무로 인해 햇볕이 잘 들지 않고 통풍 등의 문제로 생물피해가 심각한 것으로 확인됨

지의류, 이끼류 등에 의해 오염된 탑신

지의류 및 이끼류로 덮인 탑 전면 상태

탑 좌측면의 이끼류에 의한 층 형성
(빛이 들어오지 않아 습도가 높음)

울진 구산리 삼층석탑

1. 개요
- 종목 : 보물 제498호
- 분류 : 유적건조물 / 종교신앙 / 불교 / 탑
- 소재지 : 경북 울진군 근남면 구산리 1494-1
- 시대 : 통일신라

2. 생물피해 현황
- 석탑 자체의 손상도 심각한 상태였고, 전체적으로 고착지의류와 엽상지의류, 이끼류가 표면을 덮고 있는 상태였음
- 또한 탑은 농가 뒤편에 위치하고 있으며 탑 바로 옆에 나무가 있었으며, 나무에서 발생하는 과실로 인해 탑이 오염되고 있는 상태였음

농지 가운데에 위치한 탑 전경
(탑 옆에 과실수가 자람 - ○)

탑신 및 옥개석에
지의류 성장에 따른 오염상태

기단부에 지의류 성장에 따른 오염상태

칠곡 송림사 오층전탑

1. 개요
- 종목 : 보물 제189호
- 분류 : 유적건조물 / 종교신앙 / 불교 / 탑
- 소재지 : 경북 칠곡군 동명면 송림길 73
- 시대 : 통일신라

2. 생물피해 현황
- 조사 당시 기단부에서 고착지의류 및 초본류, 이끼류의 서식이 확인되었으나 탑신 및 옥개석은 지의류의 서식이 확인되지 않은 상태였음
- 또한 1, 2, 3층 옥개석에 초본식물과 목본식물이 자생하고 있었으며, 특히 우측면 3층 옥개석에 목본식물(아까시나무)이 자생하고 있는 것이 확인됨

잔디로 덮인 탑 전면 기단부 상태

탑 전면의 탑신 및 옥개석 상태
(지의류 및 이끼류의 성장이 확인되지 않음)

탑 후면 옥개석에 서식하고 있는 초본류

탑 우측면 3층 옥개석에 서식하고 있는 목본류

제5장 석조문화재 생물손상

영주 신암리 마애여래삼존상

1. 개요
- 종목 : 보물 제680호
- 분류 : 유적건조물 / 불교조각 / 석조 / 불상
- 소재지 : 경북 영주시 이산면 신암리 1439-30, 산106
- 시대 : 통일신라

2. 생물피해 현황
- 물막이 제방공사가 있기 전까지 마애불 하단부분의 40cm 정도까지 물에 잠겨있었으나 물막이 공사를 하고 보호각을 설치하여 보호, 관리되고 있음
- 물에 잠겨 있을 당시 습도가 높았던 관계로 마애불 전면과 후면에 이끼류가 자생하였으나 고사되어 표면에 부착되어 있는 상태임

물막이 구조물과 보호각이 설치된 상태

마애불 후면 상태
(토양 흡착으로 인한 오염)

마애불 전면 상태
(물에 잠겼던 하단부의 풍화가 심각함)

마애불 우측면 상태
(고사된 이끼류에 의해 검게 보임)

문화재 생물학

안동 석빙고

1. 개요
- 종목 : 보물 제305호
- 분류 : 유적건조물 / 정치국방 / 궁궐·관아 / 관아
- 소재지 : 경북 안동시 성곡동 산225-1
- 시대 : 조선시대

2. 생물피해 현황
- 석빙고 입구는 지의류 및 이끼류가 성장하고 있고 석재 부재 사이로 초본 류가 성장하고 있었음
- 내부는 직접 빛이 들어오는 측면 벽면과 정면에 이끼류 및 남조류가 성장 하고 있으나 안쪽 내부는 양호한 상태였음

석빙고 입구
(지의류 및 이끼류 생장)

내부 벽면에 발생한 남조류 및 이끼류

석빙고 내부 바닥 표면상태(바닥면은
건조하고 생물발생이 확인되지 않음)

내부의 벽면 상태
(토양 유입으로 갈변됨)

청도 석빙고

1. 개요
- 종목 : 보물 제323호
- 분류 : 유적건조물 / 정치국방 / 궁궐·관아 / 관아
- 소재지 : 경북 청도군 화양읍 동교길 7
- 시대 : 조선시대

2. 생물피해 현황
- 석빙고는 홍예만 남아있는 상태로 강우 등 외부 환경에 그대로 노출되어 있어 심하게 풍화된 상태이며, 석재 외부 표면은 고착지의류가 덮고 있고, 초본류가 생장하고 있는 상태임
- 석빙고 내부 바닥면에 전체적으로 초본류가 생장하고 있으며, 담쟁이덩굴이 내부 벽면에 자라고 있는 상태임

전면 우측에서 본 석빙고 상태

홍예 상단부에 지의류 및 초본류 자생

석빙고 내부 홍예 상태
(벽면을 담쟁이덩굴이 덮음)

바닥표면에 초본류 자생

5.4 석조문화재 생물손상 진단 및 방제

1) 생물손상의 진단

석조문화재의 생물손상은 대부분 육안으로의 관찰이 용이하므로, 주기적으로 석조물에 대한 사진을 찍어 생물손상의 진행 정도를 파악할 수 있다. 주요 점검 사항은 다음과 같다.

- 기단부, 탑신부, 상륜부의 각각의 생물 분포 현황을 살펴봄
- 고착지의류(녹황색, 주황색, 회색), 엽상지의류, 이끼류, 남조류 분포
- 검게 변색(생물체), 흑회색(생물서식-미생물), 녹회색(생물체), 진녹색(생물체), 생물체 로 인한 손상, 다양한 생물체서식, 회색 고착지의류, 연녹색(미생물), 흑녹색(미생물), 흑갈색(생물체), 초본식물(고사리 등)

(a) 흑화	(b) 초본식물
(c) 지의류	(d) 지의류에 의한 비문박락

위의 점검 사항을 토대로 육안으로 확인되는 손상 상태를 석조문화재 생물피해 점검카드[붙임6 참조]에 정확하게 기록하고 필요에 따라서 생물 시료를 채집한다. 채집한 생물 시료는 추가적으로 현미경 관찰과 정색반응 실험, 2차대사 산물 성분 분석 등을 통해 생물의 정확한 동정을 할 수 있다. 이끼류나 초본류, 엽상지의류의 경우엔 석재의 표면이나 균열 부위에 뿌리나 가근을 이용하여 부착하거나 지지하고 있기 때문에 핀셋이나 칼 등을 통해서 쉽게 채집할 수 있으나 고착지의류의 경우엔 석재 표면에 밀착하고 있기 때문에 채집이 사실상 어렵다. 고착지의류를 채집하는 전문가들은 망치와 정을 이용해 암석과 함께 채집을 하는 게 일반적이나 문화재를 대상으로 할 경우 인위적 훼손으로 이어질 수 있다.

디지털 현미경을 이용한 세부 형태 관찰

소도구를 이용한 엽상지의류 채집

육안으로 확인된 생물 손상을 진단카드에 기록하고 나면 추가적으로 훼손지도를 그린다. 훼손지도는 손상 정도와 범위를 한 눈에 확인할 수 있다는 장점이 있어 문화재 보존상태 조사 항목에 포함되어 진행되고 있는 추세이다. 문화재의 전체 사진 촬영을 통해 도면을 만들고 세부 정밀 사진을 촬영하여 도면 위에 기록을 한다. 도면의 전산화 및 수치화를 위해 CAD 프로그램과 Illustrator 계열의 프로그램을 사용하고 있다.

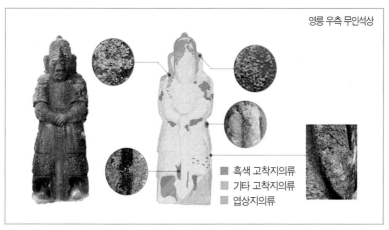

석조문화재 생물풍화훼손지도(여주 영릉 우측 무인석상)

2) 생물손상의 방제

석조문화재의 생물열화 문제를 해결하기 위한 방법을 고려할 때에는 생물체, 환경 조건, 그리고 석재 표면을 고려해야 한다. 이 중 어떤 한 조건의 변화도 생물체의 성장에 영향을 줄 수 있으며 이는 생물열화에도 영향을 준다. 석조물에서 미생물의 제거 및 조절을 위해서 다양한 방제 및 보존처리 방법들이 사용되어 왔다. 방제법(preventive method)은 석조물 표면을 가능한 생물체의 성장에 좋지 않은 물리·화학적 특성과 환경 조건으로 변화시켜 석조물 표면에 생물체의 발생을 방지하는 목적을 둔 모든 활동을 의미한다. 환경에 대한 생물체의 강한 의존성을 이용한 이러한 방법은 생물체의 불필요한 성장을 제거하기 위한 가장 효과적인 방법이다. 보존 처리 방법은 석재에서 모든 생물체의 직접적인 제거 및 조절을 목적으로 한다. 생물체의 성장을 조절하고 제거하기 위한 처리 방법은 화학적 처리(chemical treatment), 물리적 처리(mechanical treatment), 스팀 세척(steam cleaning), 그리고 저압 물세척(low-pressure water washing) 등이 있다. 처리의 효능은 방법과 제품에 따라 다르지만, 궁극적으로 생물이 성장하기 좋은 환경 조건을 조절하지 않는다면 새로운 생물체가 재발생할 수 있다.

■ 국내 · 외 생물손상 방제 현황

가. 국내

1990년, 국립문화재연구소에서 석조문화재에 생장하는 지의류 현황을 조사하고 지의류를 포함한 하등식물의 방제를 위해 AC322이란 약제를 국내에 처음 도입하여 현장에 적용하였다. 1995년, 공주에 위치한 무령왕릉 내부 누수로 인해 전실 내부 벽면에 남조류가 대량 발생함에 따라서 AC322과 AB57 약제를 개량한 K101 약제를 이용하여 남조류를 제어하고 추가적으로 벽면에 UV조사를 실시하여 남조류를 제거하였다. 또한 2003년 익산 미륵사지 석탑을 대상으로 국내 및 국외에서 시판되고 사용되고 있는 살생물제 K201, Benzalkonium chloride, Koretrel, Algikiler, PROTOALGEN 등을 적용하여 생물 제거 효율을 평가하기도 하였다. 또한 2003년부터 2년 여간 국립문화재연구소에서 석재 재질에 영향을 주지 않는 효과적인 생물 제거 방안 연구를 실시하였다. 젤형태의 AC322, 액상형태의 AC322, Koretrel, 암모니아, 4급 암모니움 화합물, 인스트루셉트, K201을 감은사지 금당터에 처리한 후 경년 변화를 보고하였다. 국내의 경우, 화학적 처리에 대한 연구와 적용은 2000년대 초반까지 진행되었으나 화학물질로 인한 석재의 손상과 인체에 유해하다는 이유로 현장에서 사용이 줄어들었고, 주로 물을 이용한 세척 방법과 각종 소도구를 이용한 물리적 세척이 현장에서 적용되고 있다.

나. 국외

국외의 경우는 주로 기계적 방법과 화학적 방법을 이용한 생물 제거 연구가 많이 보고되고 있다. 이탈리아의 경우, 기계적 방법보다는 화학적 방법을 사용하고 있다. 자외선 처리로 기계적 방법을 대체하거나 염화벤잘코늄과 4급암모니움화합물을 혼합한 살생물제를 가장 많이 사용하고 있다. 영국의 경우엔 오염 물질을 완전히 제거하는 것이 아니라 그 농도를 낮추는데 중점을 두고, 석재 재질의 안정성을 판단하여 마모세척방식과 화학적세척방식을 정하여 실시하고 있다. 일본의 경우, 물리적 방법의 문제로 인해 자외선을 이용하여 생물을 고사시킬 수 있는 약 254nm 파장으로 생물 표면에 조사하여 제거하는 방법을 지속적으로 연구하고 있다.

■ 생물피해 방제(Preventive method)

가. 주기적인 관리 및 청소

일반적인 방제 방법으로 석재 표면의 습도를 조절하고 수분의 원인을 제거하면 과도한 생물 성장과 발생을 감소시킬 수 있다. 또한 식물들은 일반적으로 석조물의 틈새 및 빈 공간에서 성장한다. 그러므로 주의 깊게 석조물의 상태를 관찰하고 틈새를 보충하고 연결 부위를 재결합시키는 등의 지속적인 관리를 통해 식물체의 성장 및 발생을 방지할 수 있다.

생물체의 영양원으로 이용될 수 있는 먼지, 다양한 유기 퇴적물, 조류의 배설물 그리고 부적절한 보수 재료 등은 석재 표면으로부터 제거되어야 한다. 예방적인 보존 방법으로써 주기적인 청소는 매우 중요하며 이는 바람에 의해서 유입된 포자나 식물체의 씨로부터 지의류, 곰팡이, 조류 및 고등 식물이 발생되는 것을 초기에 방제할 수 있는 효과적인 방법으로, 외부에 노출된 석조물의 생물 발생을 방지하고 예방하기 위한 유일한 방법일 수 있다.

나. 발수제 및 경화제 처리

합성 중합체(polymer) 및 수지(resin)는 발수제 및 경화제로써 사용되어 왔다. 최근 현장에 적용하기 전에 발수제가 미생물에 미치는 영향을 조사한 결과, 실리콘(silicone), 아크릴(acrylic), 에폭시(epoxy), 폴리비닐 아세테이트(polyvinyl acetates) 등의 발수제 및 경화제는 미생물의 성장을 뚜렷하게 억제시키지 않은 것으로 나타났으며, 오히려 이들 중 일부는 미생물의 영양원으로 작용할 수 있는 것으로 밝혀졌다. 그러나 일부 처리제는 미생물의 성장을 억제하는 것으로 나타나 아마도 이러한 현상이 발수제에 첨부된 살생물체 특성을 가진 성분 및 독성용매에 의한 것으로 여겨진다. 그러나 일반적으로 실제 현장에서는 미생물의 발생이 수분함수량과 상관관계가 있어 일부 발수제는 세척된 표면에서 미생물의 성장을 억제하고 살균제의 지속성을 증가시키는데 사용될 수 있다. 이러한 처리는 이미 살생물제로 세척 처리된 석재에 적용할 때 보다 효과적인 작업이다.

■ 생물피해 보존처리(Remedial method)

가. 석재표면의 세척

살생물제를 적용하기에 앞서 부분적으로 생물체를 제거하는 것이 필요하다. 오랜 기간 이끼, 지의류, 그리고 조류의 성장으로 두꺼운 완충물로 덮여 있는 석조 구조물에서 세척 처리는 매우 중요하며, 이러한 처리를 통해서 살생물제의 투과력을 증진시킴으로써 살생물제의 효능을 증진시킬 수 있다.

이전부터 석재 표면에 있는 불순물을 제거함으로써 생물을 제거하는 기계적인 방법이 선호되었다. 이러한 방법들은 솔 등의 도구를 사용하여 생물체를 물리적으로 제거하는 것이다. 그러나 이러한 처리 방법은 조류는 공기로부터 포자가 새로 유입될 수 있으며, 지의류의 균사는 석재 내부에 남아 있어서 재발생할 수 있고 식물들도 적당한 환경 조건만 된다면 빠르게 재성장을 할 수 있기 때문에 오랜 기간 생물체의 성장을 억제시킬 수는 없다. 완벽하게 생물체의 성장을 제거하기 위해서 처리자는 반복적으로 시간을 두고 처리를 하는 것이 필요하다. 더구나 기계적 처리는 석재 표면에 손상을 줄 수 있으므로 항상 처리에 위험이 따른다. 물과 함께 솔로 세척하는 처리 방법은 조류(algae)와 종자식물(spermatophyte) 및 양치류(pteridophyte)의 제거에 매우 효과적이다. 그러나 이끼(mose) 및 고착지의류(crustose lichen)에는 효과적이지 않다. 이끼와 지의류는 그들을 분해시킬 수 있는 화학약품을 처리하고 저압 세척을 통해서 매우 쉽게 제거할 수 있다.

건조한 상태로 죽어 있는 조류는 일반적인 세척 처리 전 저압 분무 처리만으로도 쉽게 제거될 수 있으며 또한 스팀 세척은 습기 찬 표면에서 곰팡이 및 조류를 죽이는데 매우 효과적일 수 있다. 그러나 이렇게 물로 세척하는 동안 유입된 수분은 조류의 빠른 재성장을 촉진시킬 수 있음을 유의하여야 한다. 이러한 문제는 물세척 후에 살생물제(biocide) 처리로 해결할 수 있다. 지의류의 경우, 석재 표면에서 기계적으로 제거를 용이하게 하고 지의류를 부풀리고 부드럽게 하기 위해서 희석된 암모니아(ammonia)가 사전 처리된다. 암모니아 용액은 어떤 부가적인 다른 영향을 주지 않으면서 이끼, 지의류, 조류, 그리고 곰팡이로 덮여 있는 석조물의 세척에 매우 효과적이다. 이러한 세척 처리는 일반적으로 생물의 성장을 억제하기 위한 살생물제 처리와 방수 처리를 위한 발수제 혹은 보존처리 시 함께 실시된다.

Siswowiyanto(1981)과 Sadirin(1988)은 석조물에서 생물의 성장을 제거하기 위해서 킬레이팅 작용제인 EDTA(ethylenediaminetetraacetic acid)를 기초로 한 습포제 처리방법을 고안하였으며, sodium carbonate(Na₂CO₃), ammonium carbonate((NH₄)₂CO₂), EDTA, carboxymethyl cellulose(C.M.C), 세제(detergent)와 살균제가 포함된 혼합물로 구성된다. 석재 표면에서 조류를 제거하기 위해서 과산화수소와 차아염소산나트륨의 희석 용액의 사용은 매우 널리 보고되어 있다. 이와 같은 화학적 세척은 일반적으로 살생물제 및 다른 보존처리 등의 부가적인 처리가 없을 때 6~8개월 동안 생물의 재성장을 방지할 수 있다.

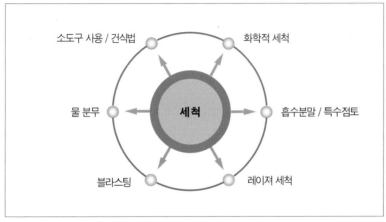

석조문화재 세척 방법

나. 살생물제 처리

살생물제(biocide)란 박테리아 및 곰팡이를 제거하기 위한 살균제와 조류, 초본류를 제거하기 위한 살초제 등을 통틀어 부르는 말이다. 살생물제는 생물체의 대사 작용을 억제하여 치사시키는 작용을 한다. Richardson(1973, 1976, 1988)은 살생물력이 표면활성 4급 화합물(sur-face active quarternary compunds)에서 매우 강하게 증진되는 것으

제5장 석조문화재 생물손상

로 보인다고 보고하였다. 최근에 지의류를 제거하는데 가장 효과적인 처리 방법으로 tinoxide(tri-n-butyl-tin oxide, TBTO) 또는 다른 살생물제들과 함께 사용 되는 4급암모늄 화합물(quaternary ammonium comounds)이 있다. 이 화합물은 석조물에 존재하는 조류, 지의류, 이끼 및 초본류 등 미생물에 대해서 효과적이며 오랜 지속력을 가진다.

또한 Benzalkonium chloride(20%), Sodium hypochloride(13%) 그리고 Formaldehyde(5%) 용액의 처리는 처리 후 솔과 물로 세척하면 석재에서 지의류를 죽이는데 매우 효과적이다. 그러나 이러한 처리는 일시적인 처리로써 생물체의 재침입을 방지하기 위해서 주기적인 처리가 요구된다. Polybor(polyborates와 boric acid의 혼합물)는 제거력이 빠르진 않지만 조류 성장을 적어도 2~3년 동안 억제시키며 부가적으로 지의류 및 이끼류도 오랜 기간 동안 성장을 억제시키는 것으로 조사되었다.

구리화합물(copper compound)은 잔류성을 가지므로 다른 살생물제보다 석재 표면에 오랜 기간 동안 남아 있을 수 있다. 그러나 이러한 화합물의 결점은 석재 표면을 착색시킬 수 있다는 것이다. 최근 지의류를 제거하기 위해 사용되는 살생물제를 조사한 결과에 따르면 구리가 함유된 처리제는 지의류 성장을 제어할 수 있는 가능성을 가지고 있다는 것을 보여 준다.

아크릴 또는 PVA와 같은 발수제 희석액과 Zinc hexafluosili-cates를 함께 처리하는 것은 석조물에서 미생물의 성장을 억제하는데 매우 효과적으로 사용되어지고 있다. 이러한 처리는 적어도 4~5년 동안 효과적으로 지속된다.

■ 화학약품의 선택

가. 살생물제 선택의 고려할 점

살생물제(biocide)란 의미는 살아 있는 생물체의 성장을 억제하
거나 죽일 수 있는 화학물질이라는 의미를 내포하고 있다. 이것은 일반
적으로 미생물과 고등식물에 적용하여 사용한다. 그러나 이러한 화학
물질은 또한 야생 동식물과 인간에게 해로울 수 있다. 이러한 이유로,
살생물제는 독성을 분리하여 그 특성을 표시해야 하며, 확인되지 않은
살생물제는 사용되기 전에 독성 안정성 테스트를 실시하여 안정성을
평가받아야만 한다.

석조물에서 생물의 성장을 제거하고 조절하기 위한 살생물제를 선
정할 때, 제거 종에 대한 살균 효과, 약제 내성, 인체 유해성, 환경오염
그리고 석재 친화성 및 다른 보존처리제 간의 상호작용 등을 고려하여
사용하여야 한다.

나. 제거 종에 대한 살균 효과

살생물제를 선정하기 위한 첫 번째 단계는 가능하면 정확하게 생
물 손상 종을 분리 동정하는 것이다. 종종 특정 살생물제는 특정 종에
보다 효과적으로 작용하는 경향이 있다. 약제 효과는 살생물제의 종류
에 따라 그리고 약제를 처리하는 조건에 따라서 다르다.

대부분의 생물종에 대한 넓은 효과와 지속력을 가지는 살생물제는
가장 좋은 약제일 것이다. 최근까지 석재에 손상을 주는 모든 형태의
생물종의 제거에 있어서 동일한 효과가 있는 살생물제는 소수이다. 비

록 오랜 지속력을 위한 잔류성이 있는 살생물제는 생물의 성장을 오랜 기간 동안 억제시킬 수 있는 장점도 있지만 한편으로는 보건과 환경에 해로울 수 있다.

다. 제거 종의 약제 내성

화학 독성물에 저항하기 위한 생물체가 가진 자연적 그리고 유전적 특성인 내성(resistance)은 살생물제의 사용에 있어서 매우 중요하게 고려해야 한다. 특히 박테리아는 짧은 시간 내에 특정 살생물제에 대해서 내성균으로 발전할 수 있다. 이러한 경우 다른 종류의 살생물제의 처리가 필요하며, 교대로 살생물제를 사용하는 것은 미생물의 내성균주의 발달을 막는데 유용하다. 미생물의 살균과 제거에 효과적일 수 있으나 과거에 처리했던 약제와 친화성을 가져야 한다.

라. 인체 유해성 및 환경오염

석재 표면에 살생물제를 처리하기 전에 생물의 성장에 대한 살생물제의 효능뿐만 아니라 인체에 대한 독성도 반드시 확인해야 한다. 이와 같은 독성 정보는 제조사, 공인된 독성물질 관리기관, 그리고 독성 관련 전문서적을 통해서 얻을 수 있다.

또한 환경 보존에 대한 관심이 증진되면서 살생물제의 사용에 따른 환경오염의 위험성에 대한 관심이 고조되고 있다. 살생물제는 처리하는 석조물 주변의 식물과 동물 그리고 수중 생물 등에 작용하여 생태계를 파괴하는 위험성을 가지고 있다. 특히 이러한 문제는 토양이나 수질이 오염되기 쉬운 곳에서 특별히 관리 되어야 한다. 각 나라에서는 이러한 문제를 방지하기 위해서 살생물제 사용과 관리 및 처리에 따른 규정 및 법규를 만들어서 관리하고 있다.

마. 석재와의 친화성

살생물제는 처리하는 석재 표면과 반드시 친화적이어야 한다. 즉 석재가 가진 본래 특성, 조직 구성물, 외형을 변질시켜서는 안 된다. 살생물제는 농업, 의약용 그리고 공업용으로 제조되어 왔으며 일부 약제들만이 석재에 적용하기 위해서 개발되었다. 결과적으로 석재에 대한 화학물질의 영향은 제조 단계에서 대부분 무시되어 왔으나 최근에는 석재의 손상을 발생시키는 살생물제의 영향에 대한 관심이 증진되고 있다.

살생물제에 있는 화학 성분의 일부는 석재 광물과 상호작용을 할 수 있고 이것은 석재의 내구성에 영향을 줄 수 있다. 일부 살생물제는 석재 광물의 색변화와 풍화를 일으키며 이러한 결과는 염 결정화에 따른 손상을 발생시킨다고 보고되었다.

바. 생물처리제의 적용과 처리 시 유의점

① 살생물제는 처리 후 비가 오면 효능이 소멸될 수 있으므로 살생물제의 처리는 건조한 조건에서 해야 한다. 바람 부는 날에는 분무 시 약제가 넓게 퍼질 수 있으므로 작업자와 주변 환경에 해를 주지 않도록 각별히 주의해야 한다.

② 석재 표면의 생물체의 성장 형태에 따라서 살생물제 처리 전에 생물체의 부분적인(기계적 혹은 수작업) 제거 작업이 필요할 수 있다. 석재 표면이 지의류와 이끼류 그리고 식물체로 두껍게 층을 이루고 있을 때 표면으로 살생물제가 충분하게 투과되기 어렵다. 반면에 생물층이 두껍지 않다면 사전 세척은 불필요하다. 어떤 살생물제는 일차적으로 생물체를 죽일 뿐만 아니라 고사에 따른 생물체의 건조화로, 약제 처리 후 주변 환경과 종에 따라 6~24개월 후에 바람이나 빗물의 작용을 통해서 자연적으로 부스러지거나 떨어져 나가게 된다. 가벼운 솔질과 기계적인 세척은 이러한 과정을 촉진시킨다.

③ 선택된 살생물제 용액은 작업자와 주변 환경의 안전과 보호를 위해서 제조사의 권고에 따라 정확하게 사용하고 조심스럽게 준비되어야 한다. 석조물 주변 지역의 식물을 보호하기 위해서 항상 주의해야 한다. 즉 보존 처리 시 밑으로 흘러내린 약제로 인한 피해를 방지하기 위해서 약품 처리 전에 보호 시트를 식물체 및 토양 위로 덮어 놓아야 한다. 물의 수원과 가까운 지역에서는 처리된 표면으로부터 살생물제가 용해되어 흘러내림에 따른 수질오염을 발생시킬 수 있으므로 처리하는 동안이나 처리 후에는 기계적 세척만을 실시해야 한다.

④ 처리방법으로는 석재의 보존 상태, 제거하고자 하는 생물체, 생

물피해의 밀도와 분포, 약제의 선택에 따라서 분무(spraying), 도포(brushing), 습포제 방식(poultices) 또는 주입방식(injection)이 있다. 일부 보고서 및 석조물에 대한 살생물제 처리 방법 연구결과에는 적용하는 방법뿐만 아니라 방법을 선택한 이유에 대해서도 언급하고 있다.

⑤ 전세계적으로 희석된 살생물제 용액을 분무(spraying) 및 도포(brushing) 방법으로 처리하는 것이 가장 일반적인 방법이다. 도포 방법은 석재 표면이 매우 좋은 상태로 약품 처리가 필요한 부분이 상대적으로 작을 때 권장된다. 분무는 손상된 석재 표면을 처리할 때 선호된다. 분무 처리법은 희석된 살생물제 용액을 압축공기를 이용한 분사 노즐이 조절 되는 정원 관리용 분무기를 사용하여 처리할 수 있다. 저장탱크에 펌프질을 한 후, 분무 시 과도한 튀김이나 흘러내림이 없도록 노즐과 압력을 조절하여 석재 표면에 분무하도록 한다. 일반적으로 분무 처리는 처리하기 위한 석재 표면 위에서부터 수평으로 이동하면 천천히 밑으로 내려온다. 효과적으로 생물 성장을 억제하기 위해서는 살생물제의 반복적인 처리가 필요할 때도 있다.

⑥ 식물을 제거할 때는 부분적인 분무와 도포가 일반적으로 적용된다. 식물의 초본과 목본류의 밑동에 살생물제를 도포 또는 분무 처리 하면 그들의 퇴화를 촉진시키고 재성장을 방지할 수 있다.

살생물제는 밑동의 측면과 윗부분에 젖을 정도로 충분히 처리하며, 처리제가 용이하게 내부로 주입될 수 있도록 드릴을 이용하여 목재 밑동에 구멍을 뚫기도 한다.

⑦ 석재 표면에 특별히 고착된 침적물이 있는 경우 살생물제의 희석된 용액과 표면의 접촉 시간을 증진시키기 위해서 셀룰로오스 습포제를 이용하여 처리하기도 한다. 이러한 습포제는 일반적으로 증발을 감소시키기 위해서 폴리에틸렌 천으로 덮여 있는 형태이다. 일부 살생물제는 석재 세척에 일반적으로 사용하는 AC322의 아교질 연화제 연고에 첨가되어 사용되기도 한다.

⑧ 두 종류의 살생물제가 생물의 성장을 완벽하게 제거하기 위해서 사용되어질 경우에 먼저 적용된 살생물제는 적어도 초기 살균에 영향을 주기 위해서 처리된 후 1주일 이상은 유지되어야 한다. 1주일 후 죽은 생물 조직은 솔로 제거하고 지속적인 활성과 성공적으로 생물의 성장을 억제할 수 있도록 2차 살생물제를 제조사가 제안하는 방법으로 신중히 처리하도록 한다.

5.5 석조문화재 관리방안

석조문화재는 대부분 야외에 노출되어 있기 때문에 기상 환경이나 주변 정비를 통해 주기적으로 문제점이 없는지를 확인하는 것이 가장 중요하다.

1) 기본 관리

석조문화재의 보존에 있어서 가장 중요한 것은 기본 관리이다. 먼저 상태에 대한 조사 대장을 작성하여 정기적인 점검을 실시하여야만 사전에 훼손을 예방할 수 있다. 현재 실시되고 있는 석조문화재의 보존 관리 지침은 관리카드를 만들어 연혁, 보수 및 처리 등의 이력을 기록하는 것이다. 또 훼손이 우려되는 부분 등을 매분기별로 촬영, 비교하여 훼손이 어느 정도 진행되었는지, 어떤 변화가 있는지 관찰해야 한다. 이러한 관찰, 점검을 통해 훼손을 미연에 방지할 수 있고 보존 대책을 마련할 수 있기 때문에 정기적인 관리 점검은 매우 중요하다.

2) 주변 정비

야외에 위치한 석조문화재의 주변에는 수풀과 잡목이 많기 때문에 이로 인한 피해가 없도록 정비를 해 주어야 한다. 그 외에도 일광과 통풍이 잘되도록 해 주어야 하는데 수풀이나 잡목으로 그늘져서 일광이나 통풍 조건이 적합하지 않을 경우 지의류나 이끼류 등이 서식하기 쉬우므로 이로 인한 훼손이 우려되기 때문이다. 또한 여름철 강우 전후에 주변을 조사, 점검하여 석조문화재 표면 및 주변에 수분이 머물지 않고 배수가 잘되는지 확인하여 정비해 주어야 한다. 석조문화재 주변에 잔디나 풀이 무성하거나 다습할 경우 지반으로부터 수분이 침투하여 석재와 반응하여 풍화되기도 하고, 토양에 들어 있던 염분이 물에 녹아서 지반으로부터 수분이 침투할 때 함께 상승하여 석재를 마모, 박리시킬 수 있기 때문에 주변의 원활한 배수 시설은 매우 중요하다. 따라서 석조문화재 주변은 잔디나 풀 보다는 작은 자갈을 깔아 주는 것이 효과적이며 되도록 석조문화재 주변 5m 이내에는 수풀이나 잡목이 자생하지 않도록 주변 경관을 해치지 않는 범위 안에서 가지치기를 하거나 제거해 주는 것이 바람직하다. 또한 큰 수목이 낙뢰를 맞아 쓰러지면서 주변 석조문화재를 도괴시키기도 하기 때문에 이에 대한 정비도 필요하다.

3) 보호각

옥외에 노출된 석조문화재는 지속적인 모니터링과 주변 정비를 해주는 것이 가장 좋은 예방 보존이지만 또 다른 방법으로 비바람, 대기 오염 물질, 생물 등 자연환경으로부터 직접적인 영향을 막기 위해 일부 보호각을 건립하여 보존 관리하고 있다.

1900년대 중반 이후 문화재 보존을 위해 보호각을 설치하고 수차례 개보수를 진행하고 일부 보호각은 그 형태를 변경하거나 해체하기도 했다. 보존을 목적으로 설치했던 보호각 자체가 노후하고, 보호각 설치로 인한 문화재 주변 환경의 변화, 훼손 요인 변화, 관람자들의 인식 문제 등이 제기됨에 따라 2000년대부터 건축학적, 보존과학적 관점에서 보호각에 관한 많은 연구를 진행해 왔다.

옥외 석조문화재 보호각 설치 현황
(왼쪽 : 경주 배리 석불 입상, 오른쪽 : 월성 골굴암 마애여래좌상)

해남 대흥사 북미륵암 마애여래좌상의 경우 보호각 역할을 하는 용화전은 1754년에 중수되었다는 기록이 전해지고, 노후화로 인해 1929년 수리가 되었고 이 과정에서 암반의 일부를 가리게 되었다. 2004년 용화전을 해체 보수하는 과정에서 화염문의 광배와 2구의 비천상 조각이 확인되었고 그 가치와 중요성을 인정받아 보물 제48호에서 국보 제308호로 승격 지정되었다.

해체 후 보존상태를 조사한 결과, 보호각이 있던 암반 부분은 비교적 양호하나 외부에 노출된 암반 부분은 변색, 지의류·이끼류 등의 생물 손상이 심각한 것으로 확인되었다. 보호각으로 인해 마애여래좌상과 일부 암반은 생물 손상을 받지 않은 것으로 확인되었으나 협소한 형태로 전시의 기능은 감소시켜 용화전을 해체하였다. 그러나 옥외에

제5장 석조문화재 생물손상

노출된 상태로 보존할 수 없기 때문에 2006~2007년 확대 보수하여 예배 공간은 목조건축물로 법당 형태로 지었고 마애여래좌상이 있는 암반은 투명유리로 된 현대건축물을 설치하여 채광이 잘되도록 하였다.

봉화 북지리 마애여래좌상의 경우 보호각 설치 전 지의류, 이끼류 등의 생물손상이 심각한 상태였고 추가적으로 손상되는 것을 방지하기 위해 1970년대에 협소한 규모로 보호각을 설치하였다. 이로 인해 보호각이 오히려 통풍을 막고 그로인해 공간 내 습도가 높아지면서 오히려 생물손상이 진행되었다. 보호각의 역할을 수행하지 못하고 미관적 요소를 저해시키는 문제로 인해 보호각 해체를 결정하고 전문가들의 의견을 조율하여 보호각을 신축하였다.

위의 사례들처럼 보호각은 석조문화재 보존을 목적으로 건립이 되지만 그로 인해 2차적인 문제가 도출되어 오히려 역효과를 낼 수 도 있고, 손상 요인을 절감시키는 보호각 자체의 기능을 충실히 수행하는 경우도 있다. 또한 보호각 설치로 인해 보존적 측면과 미관적 측면이 대립될 경우도 발생할 수 있기 때문에 보호각을 설계, 설치할 때 우선적으로 보존 환경에 대한 모니터링을 선행하여 예상 문제점을 도출하고 정확한 손상 요인을 규명해야 하며 이를 차단하고 예방할 수 있는 효과적인 보호각이 고려되고 설치되어야 할 것이다.

고분벽화 생물손상

한국 고대에 있어서 무덤은 그 시대의 문화적 수준을 살펴볼 수 있는 척도라고 할 정도로 당시 사람들의 생활상이나 내세관을 알려주고 있다. 특히 왕릉과 같은 최상위 신분층의 무덤은 당시 사회의 면모를 가장 함축적으로 담고 있다. 무덤에 관한 연구를 통해 함축되어 있는 많은 정보들을 정확하게 해석해 낼 수가 있다고 한다면, 문헌 기록에 설명되어 있지 않는 고대 사회의 또 다른 모습을 더욱 생생하게 복원할 수 있는 여지가 있다.

한국 고대의 벽화 문화는 고구려 고분벽화가 대표적이라 할 것이다. 현재까지 고구려 벽화고분은 2010년 발굴된 낙랑구역의 동산동 벽화고분을 포함하여 약 120기 정도 확인되고 있다. 이에 비하여 백제의 벽화고분은 송산리 6호분, 능산리 1호분(동하총) 단 2기에 그치고 있고, 신라의 벽화 고분 역시 고구려와의 접경 지역인 순흥에서 확인된

읍내리 벽화고분, 어숙지술간묘 단 2기만이 확인될 뿐이다. 가야의 경우도 고아동 고분 1기만이 확인된다. 이처럼 백제, 신라, 가야 지역에서 확인된 벽화고분은 그 수가 적어서 어쩌면 벽화 문화는 이들 국가에 있어서는 보편적 문화라고 보기엔 어렵다.

고분 및 동굴은 그 구조적인 특성상 저온·고습의 환경 조건을 유지하고 있다. 그러나 관람객 및 조사원의 출입 등 외부로부터 유입된 공기는 고분 내의 자연적인 환경 조건을 변화시킬 수 있다. 계절적으로 나타나는 외부 공기와 내부 공기의 온도차는 벽화에 응결 현상을 일으킬 수 있으며, 이는 고분벽화의 구조적 안정 및 생물피해를 발생시키는 주요 원인으로써 작용하게 된다. 고분 내부에 발생할 수 있는 생물에 의한 피해는 미생물인 박테리아(bacteria), 곰팡이(fungi)에서 하등식물인 조류(algae), 지의류(lichen), 이끼류 및 선태류에 이르기 까지 다양하다. 특히 벽화 표면에 미생물이 성장할 경우, 미생물로부터 분비되는 색소에 의한 침착으로 인해 벽화의 손상을 야기한다.

6.1. 고분벽화 생물손상 사례

1) 송산리 고분군

송산리 고분군은 충청남도 공주시에 위치한 백제시대 고분군으로 무령왕릉을 포함한 7기의 고분이 있다. 송산리 고분군의 정비는 일제강점기부터 지속적으로 이루어지고 있는 것으로 파악되는데 1~4호 석실분의 조사 후 도로와 조경 시설이 이루어지고 해방 후 송산리 고분군에 대한 정비 내용은 구체적으로 남아 있지 않으나 1971년 무령왕릉의 발견 이후 고분군에 대한 각별한 관심은 대외적 공개를 위한 편의 시설과 더불어 외형 정비가 폭넓게 이루어져 왔다.

무령왕릉은 발굴 이후 일반에게 공개되어 오다 1995년 여름 공주 지방에 내린 심한 강우 현상으로 인하여 5호분에 심한 누수 현상이 발생됨에 따라 벽돌 표면의 수분과 높은 상대습도로 인한 전실 전체에 걸쳐 *Lyngbya* spp.와 *Gloeocapsa* spp. 남조류가 발생되었다. 이러한 현상은 고열풍 즉, 고분 내부의 온도를 올림으로써 상대 습도를 낮추는 방법을 사용함에 따른 결과이다. 당시 무령왕릉의 제습 방식은 벽돌 표면에 수분의 응결을 발생시켜 이때 발생된 수분을 이용하여 남조류의 증식이 이루어졌다.

남조류의 번식에 의한 고분 내부의 피해로는 전분 구조물의 침식과 착색이라는 두 가지 측면에서 모두 심각한 영향을 미치고 있었다. 특히 액포가 있는 선태류와는 달리 남조류는 세포 내부에 수분을 저장할 수 없기 때문에 대기 중에 수분이 줄어드는 경우 아직 수분이 남아 있는 벽돌의 내부로 침입해 들어가기 때문에, 이 과정에서 대사 물질에 의한 벽돌의 침식이 가속화되었다. 결과적으로 착색을 제거하기가 시간이 지날수록 어려워지는 상황이었다.

또한 미생물이 구조물의 표면에 부착하게 되어 구조물의 표면에 미생물의 영양원이 될 수 있는 유기화합물의 변화가 초래될 우려가 있었으며, 미생물의 종류에 따라 그들의 에너지원 및 요구 무기영양염이 달라 다양한 환경 변화를 초래할 위험이 있었다.

송산리 고분군 남조류(cyanobacteria) 제거

이를 해결하기 위해 1996년부터 5월부터 1997년 4월까지 1년간 국
립문화재연구소 주관으로 보존처리를 실시하였으며, 아울러 고분 내
에 서식하는 조류의 제거 및 고분 내 습기 및 결로현상 제거를 위한 공
기조화 시설 등의 연구를 진행하였다.

A: 무령왕릉 전실 되메움(1997년)
B: 무령왕릉 출입구 공사(1997년)
C: 무령왕릉 상부 누수방지층 시공
(1997년)

송산리 고분군 보수공사(1997년)

송산리 고분군 내부 공기조화 시설

2) 고구려 고분벽화

고구려 고분벽화의 조사는 2006년 남북역사학자협의회와 북측의
민화협을 통해 문화재보존지도국, 사회과학원, 김일성종합대학 소속
의 고구려 벽화고분 보존실태 남북공동조사단이 구성된 후 부터이다.
당시 남북공동조사단은 전체 18인으로 구성되었으며, 고고학 및 보존
과학, 미술사 분야의 전문가로 구성되어 조사가 실시되었다.

문화재 생물학

보존실태조사의 대상은 평양 및 안악 지역 일대의 벽화고분으로서 진파리 1호분과 4호분, 호남리 사신총, 수산리 벽화고분, 덕흥리 벽화고분, 강서대묘, 강서중묘, 안악 3호분 등 8개 고분이다.

2006년 발표된 고구려벽화고분 보존실태조사 보고서에 의하면 북한의 고구려고분 벽화는 7~80년대에 유행하던 합성수지 코팅을 실시하여 피막을 입힌 흔적을 확인하였으며 이로 인하여 외부 공기가 통과되지 않고 벽화 표면에 습기가 들어차 벽을 이루고 있는 돌에서 염분이 빠져 나오고 벽면에 곰팡이가 발생하는 문제가 나타났다.

공기 중 부유미생물 동정 결과, *Neurospora* sp.(추정), *Geomyces pannorum*, *Penicillium* sp. 등 3종의 곰팡이가 분석되었으며 세균의 경우 *Planococcus* sp., *Paenibacillus amylolyticus*, *Arthrobacter luteolus*, *Plantibacter aurantiacus*, *Staphylococcus equorum*, *Staphylococcus* spp. *Streptomyces* spp. *Bacillus simplex*, *Psychrobacter* sp., *Pseudomonas* sp., *Rhodococcus erythropolis*, *Bacillus* sp., *Pseudomonas fluorescens* 등 총 13종이 동정되었다.

이 중 *Psychrobacter* sp.과 *Geomyces pannorum*의 경우 저온에서도 성장할 가능성이 있으므로 고분 내 영양 조건에 따라 생장 가능성이 있는 것으로 보고되었다. 또한 벽화 표면에서는 *Paecilomyces lilacinus*, *Trichoderma* sp. 등의 곰팡이가 분석되었고, *Bacillus* sp., *Sphingobacterium* sp., *Streptomyces* spp, *Bacillus macroides*, *Bacillus amylolyticus*, *Paenibacillus* sp., *Pantoea agglomerans*, *Pseudomonas aurantiaca* 등의 세균이 동정되었다.

대부분의 미생물은 토양미생물인 *Bacillus* sp.였으며 이는 고분 바닥 토양으로부터 벽화 표면에 유입되어 전체적인 오염이 발생된 것으로 보고하였다.

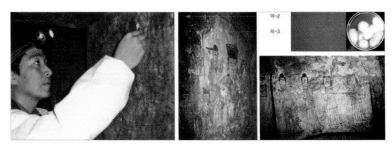

고구려고분벽화 미생물현황 조사, 2006 (왼쪽 : 수산리고분, 오른쪽 : 덕흥리 고분)

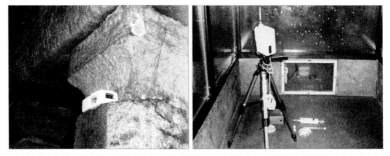

고분 내부 온습도(왼쪽) 및 공기질 조사(오른쪽), 2006 (왼쪽 : 강서중묘, 오른쪽 : 안악3호분)

3) 라스코 동굴 벽화

프랑스 라스코(Lascaux) 동굴벽화는 15,000년~17,000년 전 만들 어진 것으로 추정되는 벽화로, 1940년 발견 이후 수많은 관람객의 출입 이 이루어졌다. 1947~1948년, 1957~1958년 사이에 관람객의 편의를 위한 공사를 진행함에 따라 1960년대부터 Chlorobotrys가 성장하여 벽화 표면에 생물막을 형성하는 것을 확인하였다. 또한 수많은 관람객이 출입하면서 발생하는 이산화탄소의 증가로 탄산칼슘염이 벽화에 생성됨에 따라 1963년 영구 폐쇄되었다.

2001년에는 *Fusarium solani, Pseudomonas fluorescens*가 발생하여 벽화 표면에 긴 흰색의 균사를 형성함에 따라 2001년 9월에 streptomycin과 polymyxin을 첨가한 benzalkonium chloride(Vi-talub QC 50)를 처리하였다. 2004년에는 화학약품 대신에 물리적 세척을 실시하였으나, 2006년에 동굴의 천장 및 동굴에 검은 얼룩이 확산되었다. 이에 따라 2008년 1월부터 새로운 살생물제 처리와 동시에 물리적 세척이 이루어졌다.

또한 1999년부터 2001년 사이 동굴 안에서 행해진 여러 가지 인위적인 보수공사 작업 중 미생물이 심각하게 재발생되었다. 특히 동굴 내 발생된 *Fusarium sp.* 등 곰팡이는 지속된 살균 처리로 인하여 살균제에 대한 내성이 생김에 따라 현재 폐쇄되어 전문가에 의해서 환경 및 생물피해 상태에 대한 정기적인 모니터링이 진행되고 있는 상황이다.

라스코벽화(왼쪽) 및 동굴 벽화 위치(오른쪽)

라스코 동굴벽화의 조사(왼쪽) 및 일반인 공개(오른쪽)

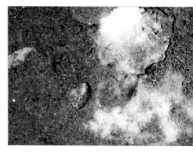

토양에서 확인된 *Fusarium solani*(2001년, 왼쪽) 및 살생물제 처리(2001~2002, 오른쪽)

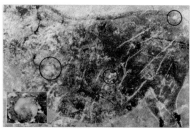

탄산칼슘에 의한 흰색 오염   곰팡이에 의한 검은반점

문화재 생물학

4) 다카마쓰즈카 고분 벽화

다카마쓰즈카 고분은 나라현 타카이치군 아스카촌에 있다. 봉분의 규모·형상은, 하단이 직경 약 23m, 상단이 직경 약 18m의 2단 축성의 원분이며 주변에는 폭 약 2m의 도랑이 둘러 있다. 고분의 축조 시기는 출토 유물 등으로부터 미루어 보아 7세기말에서 8세기경이라고 추정된다. 이 시기의 고분은「종말기고분」이라고 불려 다카마쓰즈카고분을 포함한 아스카무라 주변에 집중되어 축조되었다.

가. 벽화의 수리작업과 1980년대의 곰팡이 대발생

1976년도에 시작 된 본격적인 벽화의 수리 사업은 크게 3기로 나누어 실시되었다(제1차 수리 : 1976년도, 제2차 수리 : 1978년도~1980년도, 제3차 수리 : 1981년도~1985년도). 수리 초기부터 곰팡이 등의 생물 방제 대책은 행해졌었지만 1980년경에는 석실 내에 다량의 곰팡이가 발생하여 그 제거에 쫓기게 되었다. 그 후 일련의 수리 작업에 의해 벽화 발견 시부터 큰 현안이었던 회반죽의 박락 방지는 성공했다. 제3차 수리 완료 후, 곰팡이 등의 발생은 점점 줄어들어 잠잠해 졌다. 1987년 3월에는 벽화 발견 이후 제3차 수리완료까지의 경위를 정리한 보고서『국보 다카마쓰즈카고분벽화-보존과 수리-』가 발행 되었다.

나. 1990년대의 곰팡이 발생

보존 시설과 석실을 연결하는 소공간은「취합부」라고 불러, 수리나 점검 시에는 이 공간에 감시자를 두고 석실 내 작업을 객관적으로 감시하는 것으로 작업이나 작업자의 안전이 확보되어 왔다. 1980년경부터 봉분토가 노출되어 있는 취합부의 천정의 붕락이 지속적으로 확인되어 2001년 2월, 붕락방지 공사가 실시되었다. 이 때 곰팡이 대책이 불충분했던 것이 원인이 되어 취합부 및 석실 내에 대량의 곰팡이가 발생하는 등 수십년간 미묘한 균형 속에서 비교적 안정되어 온 벽화의 보존 환경이 변화하여 곰팡이 등의 미생물에 의한 오염이 두드러지게 되었다. 2002년 1월에는 미생물 피해 방제처리를 하고 있던 작업자에 의한 벽화의 손상 사고가 일어났는데 당시는 일반에게 공표되지 않았다. 이러한 문제에 대해서는 2006년 6월,「다카마쓰즈카고분 취합부 천정의 붕락방지 공사 및 석실 서벽의 손상 사고에 관한 조사위원회」에 의해『다카마쓰즈카고분 취합부 천정의 붕락방지 공사 및 석실 서벽의 손상 사고에 관한 조사보고서』(이하『사고조사위원회 보고서』라고 함)에 정리되었다.

연이은 생물피해가 확대됨에 따라 2003년 3월 문화청에「국보 다카마쓰즈카고분벽화 긴급보존대책 검토회」가 설치되어 현상을 객관적으로 파악하기 위한 과학적 조사가 실시됨과 함께 몇 개의 긴급 조치가 실시되었다. 2004년 6월에는 새로운 전문가를 보강하여「국보 다카마쓰즈카고분벽화 항구보존대책 검토회」가 설치되었다.

또한 2004년 6월에는 벽화 발견 30년을 계기로서 벽화의 현상과 최신의 분석 기법(비파괴·비접촉법)에 의한 벽화의 기법·재료연구의 성과를 보고하는 것을 주된 목적으로 한 사진집『국보 다카마쓰즈카고분벽화』가 문화청의 감수에 의해 발행되었다. 이것을 단서로 보도기관으로부터 서벽백호도의 묘선의 엷어짐 등의 벽화의 열화가 지적되어 문화청에게 엄격한 비판의 화살이 쏟아졌다.

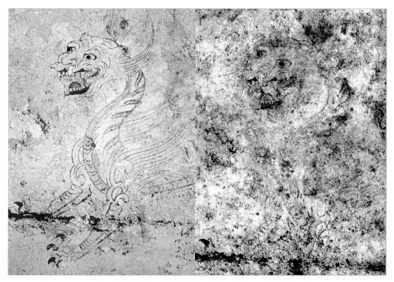

서벽 백호 묘선의 퇴색(왼쪽 : 1982년, 오른쪽 : 2004년)

다. 석실의 해체 수리

거듭되는 곰팡이 등의 생물피해에 매회 대처되어 왔지만 공간이 대단히 비좁은 고습한 환경에 벽화가 존재하고, 사람이 작업하기에는 열악하여 벽화의 점검, 곰팡이의 제거에는 한계가 있었다. 진드기나 지네 등의 벌레가 석실을 출입해 석실 내에 곰팡이가 반입되어 그것들의 사체가 새로운 곰팡이 등의 영양분이 되어 곰팡이를 중심으로 식물연쇄가 석실 및 그 주변에 나타나는 것 등으로 인해 발본적인 보존 방침의 재검토가 요구되었다.

그 결과 봉분내의 토중 환경에 벽화를 현지 보존하는 현행의 보존 방침으로 벽화 열화를 방지하는 것은 극히 곤란하다는 판단이 내려졌다. 어려운 선택이긴 했지만 벽화를 석실(석재)채로 고분에서 꺼내어 안전한 환경이 확보 된 시설에 두어 수리하는 방침이 결정 되었다.

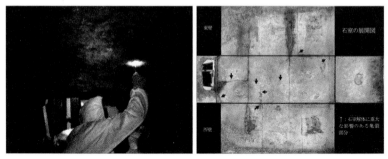

석실 해체를 위한 조사(왼쪽)와 조사도(오른쪽)

석실 해체 작업

가설수리시설에서의 벽화 보존 작업

다카마쓰즈카고분벽화 가설수리시설(왼쪽), 복원된 봉분(오른쪽)

6.2. 고분벽화의 생물피해 진단

고분 또는 동굴과 같은 밀폐된 조건 하에서 미생물의 생장은 번식함과 동시에 제어와 관리에 많은 어려움이 있으며 벽화 자체에 심각한 손상을 발생시킬 수 있기 때문에 정기적인 진단이 필요하다. 고분의 생물피해 진단법은 아래와 같다.

1) 미생물 포집 및 배양

미생물은 크게 공기 중에 부유하는 공기 중 미생물과 기질 표면에 부착된 표면 오염 미생물로 나눌 수 있다. 공기 중 미생물의 경우 공간에 부유하고 있다가 적합한 기질을 만나게 되면 부착을 시작한다. 이후 부착된 미생물을 표면 오염 미생물이라 하며 생장하기 좋은 주변으로 확장을 실시하게 된다.

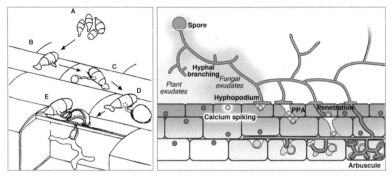

전돌 표면 미생물 부착 및 발생 과정

공기 중에 존재하는 미생물을 포집하기 위해서는 공기포집기를 이용한다. 공기포집기를 이용하여 공기 100리터를 멸균된 PDA(Potato Dextrose Agar)를 통과하도록 하여 각각 2회씩 포집한다. 대조군으로는 고분의 외부 공기 100리터를 동일한 방법으로 미생물을 포집한다. 포집한 PDA배지를 28℃ 또는 실온에서 5일간 배양한다.

송산리고분군 외부 및 6호분 현실 미생물 포집

표면미생물은 고분 표면의 미생물을 필터페이퍼를 이용하여 포집한다. 1.5×1.5cm 크기로 자른 필터페이퍼를 증류수에 적신 후 121℃에

문화재 생물학

서 15분간 멸균하고, 벽면에 약 1분간 부착시켜 벽체에 존재하는 미생물을 부착시켜 채집한다. 벽체에 부착시켰던 필터페이퍼는 PDA 배지 위에서 28℃ 실온에서 3~4일간 배양한다.

6호분의 벽체 표면균 채집

2) 배양 미생물의 형태 분류

배양된 미생물 중 육안으로 분리가 가능한 세균은 NA(Nutrient Agar) 배지에서 단군집 분리(single colony)를 실시하며, 곰팡이는 PDA 배지에서 수행한다. 배지는 28℃에서 3~4일간 배양하고 생장한 균주들의 군집(colony) 형태, 색상, 크기 등의 차이를 기준으로 1차적으로 분류한다.

3) 유전자 분석

DNA 염기서열 분석은 자동염기서열결정기(Automatic DNA sequencer; Perkin-Elmer)를 이용하며 분석한 후 염기서열을 확인한다. DNA 염기서열 분석의 과정은 다음과 같다.

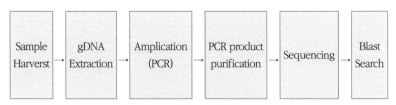

| Sample Harverst | → | gDNA Extraction | → | Amplication (PCR) | → | PCR product purification | → | Sequencing | → | Blast Search |

염기서열 분석과정

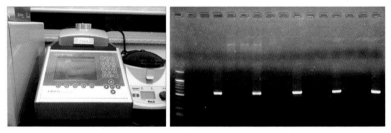

PCR machine   PCR을 통한 DNA 증폭

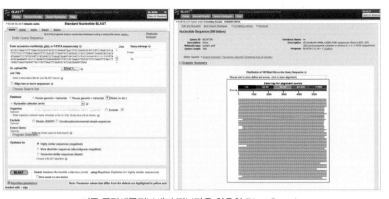

미국 국립생물정보센터 정보망을 활용한 Blast Serach

4) 배양미생물의 기질활성평가

포집된 미생물과 벽체 표면균에 대한 기질활성 평가를 수행한다. 벽체의 접착제로 사용될 수 있는 식물계 성분인 cellulose와 전분인 starch의 분해능을 관찰하기 위해 CMC-PDA, Starch-PDA 선택배지를 사용한다. 선택배지에 균을 접종하고 28℃에서 5일간 배양하였으며 군집(colony)의 형태가 나타난 후에는 CMC-PDA는 Congo red test를, Starch-PDA는 Lugol's iodine test를 실시한다. 선택배지의 조성은 다음과 같다.

선택배지의 조성

선택배지	조 성
CMC-PDA media	CMC(1.2%) 12g, PDA 39g, D.W 1L
Starch-PDA media	Starch(1%) 10g, PDA 39g, D.W 1L

6.3. 고분벽화 관리방안

고분의 석실 내부 환경은 외부와 격리되어 있으며 외부에 비하여 그 변화폭도 좁으므로 보다 안정한 환경을 유지한다. 이러한 환경은 변화가 어렵기 때문에 고분 내부에 미생물에 의한 피해가 발생할 경우 억제하기가 매우 어렵다. 따라서 미생물이 발생하기 전에 환경적인 측면에서의 제어가 매우 중요하다. 고분 및 동굴에서 미생물에 의한 생물피해 또는 구조적인 문제점을 억제하기 위해서는 고분 내 미시 환경에 대

제6장 고분벽화 생물손상

한 이해가 필요하다. 이때 온도, 습도는 환경을 이해하기 위한 기본적인 요소가 된다.

고분별 최적의 온습도 조절을 하지 않을 경우, 고분 내로 유입된 습기는 벽화가 평형함수율을 이루기 위해 외부와 지속적인 습기교환현상을 일으키며 그 과정에서 벽화는 구조적인 손상, 습기에 따른 수축 변형으로 인한 물리적 손상, 구성 물질인 습기의 이온 결합에 따른 화

고분 내부 온·습도 모니터링 센서 설치 현황(왼쪽 : 무령왕릉, 오른쪽 : 고령 고아리 벽화고분)

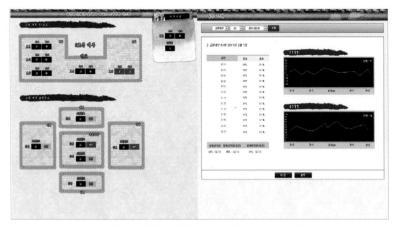

고분 내부 환경 모니터링 프로그램(송산리 고분군)

학적 손상, 그리고 미세 세포조직들이나 조류, 지의류 등 미생물 번식에 따른 생물학적 공격 등의 손상을 입게 된다.

또한 온도 변화에 의한 손상은 벽화의 손상에 큰 영향을 주지 않지만 지나친 고온은 재질의 노화 속도를 촉진시키고 습기와 함께 손상의 촉진 작용과 표면 응결 현상의 매제 역할을 한다. 이처럼 밀폐된 공간에서 차가운 벽체와 공기의 상관관계는 심각한 결로현상을 발생시킬 수 있으며, 외부 환경과 고분 내 환경에 대한 모니터링과 관리는 고분 및 벽화 보존을 위해 반드시 필요하다.

제6장 고분벽화 생물손상

참고문헌

1) 朱南哲, 韓國建築에 있어 담[墻]에 관한 硏究, 韓國文化硏究院論叢 28 (1976)

2) 金正基, 文獻으로 본 韓國住宅史, 東洋學 7 (1977)

3) 朱南哲, 韓國建築意匠, 一志社 (1979)

4) 문화재 과학적 보존, 국립문화재연구소 (1993)

5) 한성희·이규식·정용재, 한국 서식 흰개미의 특성과 방제, 국립문화연구소, 보존과
   학연구, 19, pp.145~172 (1998)

6) 한성희·이규식, 유기질문화재의 보존환경과 충균해 문제, 국립문화재연구소,
   문화재, 32, pp.203~219 (1999)

7) 이규식·정소영·정용재, 목조문화재의 원형보존을 위한 충해 방제방안, 국립문화
   재연구소, 보존과학연구, 21, pp.5~55 (2000)

8) 이규식·정소영·정용재, 목조건조물의 흰개미 모니터링 및 방제방법, 국립문화재연
   구소, 보존과학연구, 22, pp.41~52 (2001)

9) 정소영·이규식·정용재, 해인사의 흰개미 모니터링 및 방제 방안, 보존과학연구, 23,
   pp.77~93 (2002)

10) 정용재·서민석·이규식·한성희, 석조문화재의 생물학적 손상과 보존방안, 보존
    과학연구, 24, pp.5~28 (2003)

11) 2004년 보존과학기초연수교육, 국립문화재연구소 (2004)

12) 동산문화재의 보존과 관리, 문화재청·국립문화재연구소 (2004)

13) 김윤수, 목재보존과학, 전남대학교출판부 (2004)

14) 이규식, 목조문화재보존을 위한 한국산 흰개미의 생태적 특성 및 방제에 관한

연구, 중앙대학교 박사학위논문 (2004)

15) 2005년 보존과학기초연수교육, 국립문화재연구소 (2005)

16) 정용재·서민석·이규식·황진주, 석조문화재 생물막 제거 및 처리방안 연구, 보존 과학연구, 26, pp.5~25 (2005)

17) 석조문화재 생물침해와 처리방안, 국립문화재연구소 (2006)

18) 알기쉬운 목조 고건축 구조, 국립문화재연구소 (2007)

19) 강대일, 문화재보존환경개론, 도서출판 가삼 (2007)

20) 박물관과 유해생물관리, 국립민속박물관 (2008)

21) 건축문화재 점검관리 매뉴얼, 국립문화재연구소 (2008)

22) Campbell(전상학 역), 생명과학(개정 8판), Biology with MasteringBiology (2008)

23) 산불방지 문화재 숲가꾸기, 산림청 (2009)

24) 김대운·정선혜·이상환·정용재, 극초단파를 이용한 흰개미 탐지기술 적용연구, 보존과학회지, 26, pp.77~83 (2009)

25) 김성련, 피복재료학(제3개정 증보판), 교문사 (2009)

26) 건축문화재 안전점검 기초와 실무, 국립문화재연구소 (2010)

27) 백제 송산리 6호 벽화고분 보존연구, 공주시·한국전통문화학교 (2010)

28) 신은정·김사덕·엄두성, 석조문화재 보호각 현황과 사례연구, 보존과학연구, 31, pp.104~120 (2010)

29) 정소영, 탐지견을 활용한 목조건축물의 흰개미피해 조사 연구, 보존과학연구, 31, pp.121~130 (2010)

30) 석조문화재 표면오염물과 제거방법, 국립문화재연구소 (2011)

31) 김대운, 감마선을 이용한 목조문화재의 생물열화 제어기술 연구, 공주대학교

석사학위논문 (2011)

32) 공주 송산리 고분벽화 보존방안 연구, 공주시·한국전통문화대학교 (2012)

33) 목조시설물·문화재 및 한옥 관리 기술컨설팅 자료집, 한국임업진흥원 (2012)

34) 정선혜, 천연약재를 이용한 석조문화재 생물막 제거에 관한 연구, 중앙대학교 석사학위논문 (2013)

35) 이민영, 송산리 6호분에서 분리한 곰팡이의 생화학적 특성, 충남대학교 석사학위논문 (2013)

36) Takahashi.M, Current and future aspects of termite-controlling techniques, wood research rev., 28 (1992)

37) Su N.Y, A review of subterranean termite control practices and prospects for integrated pest management programs, Integrated pest Management Reviews, 3 (1998)

38) Takahashi.M, Recent development in the control of Japanese subterranean termites, sociobiology, 40 (2002)

39) Su N.Y, overview of the global distribution and control of the Formosan subterranean termite, sociobiology, 41 (2003)

40) David Pinniger and Peter Winsor, Integrated pest management - A guide for museums, libraries and archives, MLA (2004)

41) Heritage at risk; Saving beauty, TIME magazine, 15 (2006)

42) The microbiology of lascaux cave, Bastian. F., Jurado. V., Microbiology, 156, pp.644~652 (2010)

43) Biology of Termites: A modern synthesis, springer (2011)

참고문헌

부록

붙임 1 문화재 주요가해해충 도감

학명	Ctenolepisma longicauda coreana(Uchida)	분 포	세계 전역
영명	Gray silverfish	가해재질	종이, 섬유류, 동식물, 접착제 등
국명	좀	가해대상	서적, 문서, 서화, 의류, 동물표본 등

좀 성충(저작권: 빅토리아 박물관)

문풍지에 발생한 좀의 식흔

특징

- 습한 환경을 좋아하며 따뜻한 시기에 활발하게 활동한다.
- 약충과 성충은 빛을 싫어한다.
- 서적 등의 표면을 핥듯이 얇게 갉아먹는다.
- 접착제가 발라진 부분을 특히 선호한다.
- 배설물에 의해 오염을 일으키기도 한다.

예방과 관리

- 서적류의 반입 시에 훈증처리를 실시한다.
- 서고나 수장고의 환기구나 창에 방충망을 설치한다.
- 서고 내부의 적정 온습도를 유지하며 습도가 높아지지 않도록 한다.
- 중요한 서적이나 유물은 질소밀폐포장 등을 실시한다.
- 주기적인 청소를 실시하여 먹이가 될 수 있는 것을 없앤다.
- 약충, 성충, 사체, 배설물, 식흔 등의 유무를 점검하여 피해를 조기에 발견하도록 한다.
- 서고나 수장고 내부에 IPM 트랩을 설치하여 주기적으로 점검한다.

학명	*Reticulitermes speratus kyushuensis* Morimoto	분 포	한국, 일본, 중국
영명	Japanese termite	가해재질	목재, 종이, 면, 마 등
국명	일본흰개미	가해대상	목조건축물, 목공예품, 서적 등

일본흰개미(병정개미)

일본흰개미(유시충)

특징

- 습한 목재나 땅속에서 생활한다.
- 4~5월의 낮 시간에 군부비행을 한다.
- 군무비행 후 유시충이 쌍을 이루어 목재 내부로 들어가 번식한다.
- 빛을 싫어하기 때문에 주로 땅속이나 목재 내부에서만 활동하므로 가해 중인지에 대한 확인이 어렵다.
- 손상이 심각할 경우 구조적인 위험까지 초래하므로 초기 대응이 중요하다.
- 주로 건물의 기둥 하부, 하방 등에서 흰개미 가해흔이 확인된다.
- 목재의 셀룰로오스, 헤미셀룰로오스 성분을 가해하며, 가해되지 않은 리그닌 부분만 남아있는 경우가 많다.
- 국내에서는 전국적으로 목조건축문화재에 대한 피해가 발생하는 것으로 보고된다.

예방과 관리

- 건물 주변의 빈 상자나 목재류를 방치하지 않는다.
- 흰개미 서식 장소가 되는 그루터기, 건축 자재물 등을 건물 주변에 두지 않는다.
- 마루 밑에 환기구나 환풍기를 설치하고, 온돌난방이 가능한 경우 주기적으로 불을 피운다.
- 마루 밑의 지면에 방의방습시트를 설치하여 땅속으로부터의 침입을 막는다.
- 건물의 지상 약 1.5m 이내의 목재를 방의제 처리한다.
- 건물의 기초나 주춧돌 주변의 토양에 방제처리를 실시한다.
- 건물 주변에 목재시편을 박아두고 주기적으로 가해여부를 모니터링한다.

학명	*Attagenus unicolor japonicus* (Reitter)	분 포	한국, 일본, 중국, 북미 등
영명	Japanese black carpet beetle	가해재질	양모, 견, 피혁, 건조동식물 등
국명	애수시렁이	가해대상	의류, 동물표본, 곡물, 종자 등

애수시렁이 성충(등면)

애수시렁이 유충

특징

- 4~5월에는 유충, 6월경에는 성충이 주로 발견된다.
- 잡식성이지만 주로 동물성물질을 통해 영양원을 섭취한다.
- 동물성 재질의 모자나 모피 등에서 유충의 탈피껍질이 흔히 발견된다.
- 유충이 주로 가해하지만 성충도 피해재에서 탈출할 때 천공 식해한다.

예방과 관리

- 서적류 등 자료의 반입 시에 훈증처리를 실시한다.
- 서고나 수장고의 환기구나 창에 방충망을 설치한다.
- 서고 내부의 적정 온습도를 유지하며 습도가 높아지지 않도록 한다.
- 중요한 서적이나 유물은 질소밀폐포장 등을 실시한다.
- 주기적인 청소를 실시하여 먹이가 될 수 있는 것을 없앤다.
- 서고나 수장고 내부에 IPM 트랩을 설치하여 주기적으로 점검한다.

학명	*Lyctus brunneus*(Stephens)	분 포	한국, 일본, 유럽, 북미
영명	Brown powder-post beetle	가해재질	건조목재, 죽재, 한약재 등
국명	넓적나무좀	가해대상	목공예품, 죽공예품 등

넓적나무좀 성충(등면)

넓적나무좀의 가해흔 및 탈출공

특징

- 유충은 성장하면서 도관벽을 먹으며 목재 속으로 들어간다.
- 활엽수의 변재부를 주로 식해한다.
- 따뜻한 지역에서는 연중 가해하며, 추워지면 동면한다.
- 가해된 목재는 표층부가 얇게 남아있고, 내부는 가루로 채워진다.
- 성충이 목재 등에서 탈출할 때 직경 1~2mm의 탈출공을 만들고, 미세한 가루(배설물과 목재 갉아먹은 가루)를 배출해 작은 산모양을 이룬다.

예방과 관리

- 서적류 등 자료의 반입 시에 훈증처리를 실시한다.
- 서고 내부의 적정 온습도를 유지하며 습도가 높아지지 않도록 한다.
- 중요한 서적이나 유물은 질소밀폐포장 등을 실시한다.
- 자료 근처에 갉아먹은 가루나 배설물이 쌓여있는지를 확인한다.
- 활엽수의 변재부 사용을 피한다.
- 손상을 입기 쉬운 자료 주위에 잔류성이 있는 약재를 살포한다.
- 서고나 수장고 내부에 IPM 트랩을 설치하여 주기적으로 점검한다.

학명	*Lasioderma serricorne* (Fabricius)	분 포	한국을 비롯한 열대 및 온대지방
영명	Tobacco beetle, Cigarette beetle	가해재질	종이, 목재, 양모, 건조동식물 등
국명	권연벌레	가해대상	서적, 의류, 표본, 목공예품 등

권연벌레의 성충(등면)

권연벌레의 탈출공

특징

- 유충은 보호주머니를 만들고 그 속에서 곡물을 갉아먹으며 성장한 후 번데 기가 된다.
- 목재 내부는 유충이 가해하며, 번데기를 거친 성충이 밖으로 나올 때 목재 표면에 작은 탈출공을 뚫고 빠져나온다.
- 각종 곡물, 지류, 목재를 가해하며 건조한 목재에서도 피해가 발생한다.
- 5~6월, 6~9월, 9월 이후로 나뉘어 년 3회 정도 발생하며 유충으로 월동한다.
- 주광성으로 빠르게 기어다닌다.

예방과 관리

- 서고 내부의 적정 온습도를 유지하며 습도가 높아지지 않도록 한다.
- 서고나 수장고의 환기구나 창에 방충망을 설치한다.
- 중요한 서적이나 유물은 질소밀폐포장 등을 실시한다.
- 손상을 입기 쉬운 자료 주위에 잔류성이 있는 약제를 살포한다.
- 주기적인 청소를 실시하여 먹이가 될 수 있는 것을 없앤다.
- 서고나 수장고 내부에 IPM 트랩을 설치하여 주기적으로 점검한다.

학명	*Sceliphron deforme* Smith	분 포	한국, 일본, 중국, 대만
영명	Tread-wasted wasp, Mud dauber wasp	가해재질	목재, 죽재
국명	노랑점나나니	가해대상	건축물, 목공예품, 죽공예품 등

노랑점나나니의 성충(등면)

구멍벌과에 의한 탈출공

특징

- 건축물을 가해하기 보다는 주로 기둥부에 구멍을 낸다.
- 구멍 속에는 새끼를 낳고 먹이를 넣은 다음 진흙으로 봉한다.
- 주로 봄~초여름 사이에 집을 짓는다.

예방과 관리

- 서고나 수장고의 환기구나 창에 방충망을 설치한다.
- 피해를 입기 쉬운 자료에 대해 주기적으로 육안점검을 한다.
- 집을 짓기 쉬운 장소에 잔류성이 있는 약재를 살포하거나 도포한다.

문화재 가해해충 활동시기

종류	사진	1월	2월	3월	4월	5월	6월	7월	8월	9월	10월	11월	12월
흰개미		땅 속에서 서식		유시충 군비			활동 기간						
권연벌레		유충으로 월동				활동 기간	탈출		탈출		탈출		
넓적나무좀		유충으로 월동					활동 기간		탈출				
구멍벌					활동 기간				탈출				

붙임 2 문화재 가해진균 도감

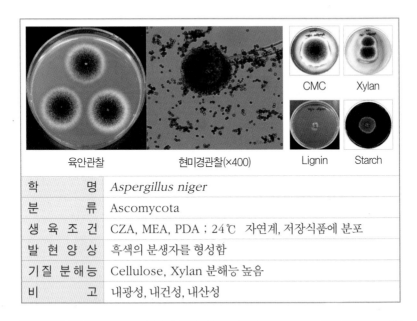

학 명	*Aspergillus niger*
분 류	Ascomycota
생 육 조 건	CZA, MEA, PDA ; 24℃ 자연계, 저장식품에 분포
발 현 양 상	흑색의 분생자를 형성함
기 질 분 해 능	Cellulose, Xylan 분해능 높음
비 고	내광성, 내건성, 내산성

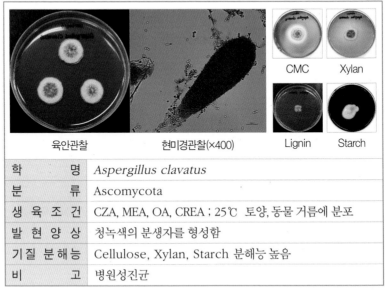

학 명	*Aspergillus clavatus*
분 류	Ascomycota
생 육 조 건	CZA, MEA, OA, CREA ; 25℃ 토양, 동물 거름에 분포
발 현 양 상	청녹색의 분생자를 형성함
기 질 분 해 능	Cellulose, Xylan, Starch 분해능 높음
비 고	병원성진균

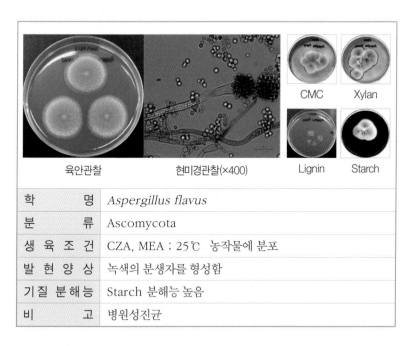

| CMC | Xylan |
| Lignin | Starch |

육안관찰　　　현미경관찰(×400)

학　　　　명	*Aspergillus flavus*
분　　　　류	Ascomycota
생 육 조 건	CZA, MEA ; 25℃　농작물에 분포
발 현 양 상	녹색의 분생자를 형성함
기 질 분 해 능	Starch 분해능 높음
비　　　　고	병원성진균

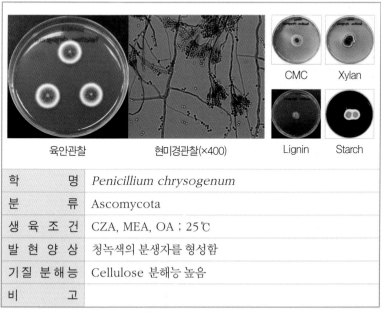

| CMC | Xylan |
| Lignin | Starch |

육안관찰　　　현미경관찰(×400)

학　　　　명	*Penicillium chrysogenum*
분　　　　류	Ascomycota
생 육 조 건	CZA, MEA, OA ; 25℃
발 현 양 상	청녹색의 분생자를 형성함
기 질 분 해 능	Cellulose 분해능 높음
비　　　　고	

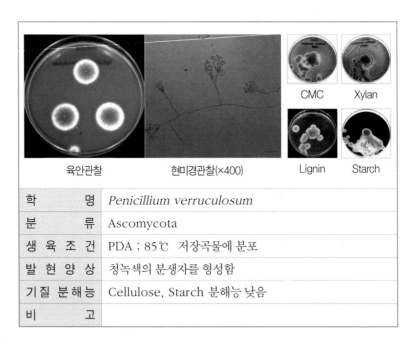

육안관찰	현미경관찰(×400)		
		CMC	Xylan
		Lignin	Starch

학 명	_Penicillium verruculosum_
분 류	Ascomycota
생 육 조 건	PDA ; 85℃ 저장곡물에 분포
발 현 양 상	청녹색의 분생자를 형성함
기 질 분 해 능	Cellulose, Starch 분해능 낮음
비 고	

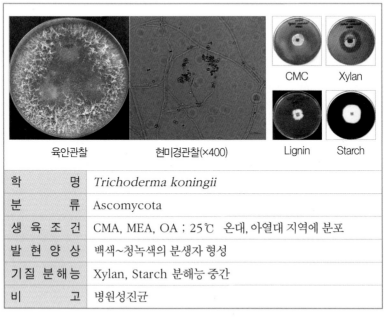

육안관찰	현미경관찰(×400)		
		CMC	Xylan
		Lignin	Starch

학 명	_Trichoderma koningii_
분 류	Ascomycota
생 육 조 건	CMA, MEA, OA ; 25℃ 온대, 아열대 지역에 분포
발 현 양 상	백색~청녹색의 분생자 형성
기 질 분 해 능	Xylan, Starch 분해능 중간
비 고	병원성진균

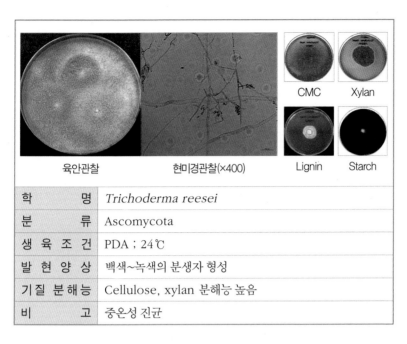

| 육안관찰 | 현미경관찰(×400) | CMC | Xylan |
| | | Lignin | Starch |

학 명	*Trichoderma reesei*
분 류	Ascomycota
생 육 조 건	PDA ; 24℃
발 현 양 상	백색~녹색의 분생자 형성
기 질 분 해 능	Cellulose, xylan 분해능 높음
비 고	중온성 진균

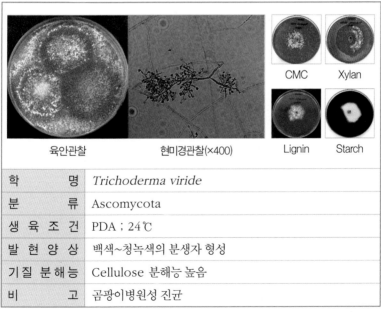

| 육안관찰 | 현미경관찰(×400) | CMC | Xylan |
| | | Lignin | Starch |

학 명	*Trichoderma viride*
분 류	Ascomycota
생 육 조 건	PDA ; 24℃
발 현 양 상	백색~청녹색의 분생자 형성
기 질 분 해 능	Cellulose 분해능 높음
비 고	곰팡이병원성 진균

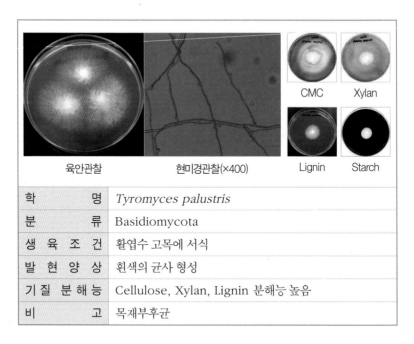

| 육안관찰 | 현미경관찰(×400) | CMC / Xylan / Lignin / Starch |

학　　　　　명	*Tyromyces palustris*
분　　　　　류	Basidiomycota
생 육 조 건	활엽수 고목에 서식
발 현 양 상	흰색의 균사 형성
기 질 분 해 능	Cellulose, Xylan, Lignin 분해능 높음
비　　　　　고	목재부후균

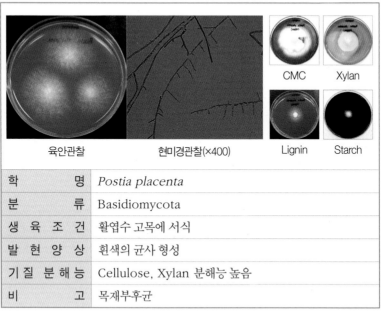

| 육안관찰 | 현미경관찰(×400) | CMC / Xylan / Lignin / Starch |

학　　　　　명	*Postia placenta*
분　　　　　류	Basidiomycota
생 육 조 건	활엽수 고목에 서식
발 현 양 상	흰색의 균사 형성
기 질 분 해 능	Cellulose, Xylan 분해능 높음
비　　　　　고	목재부후균

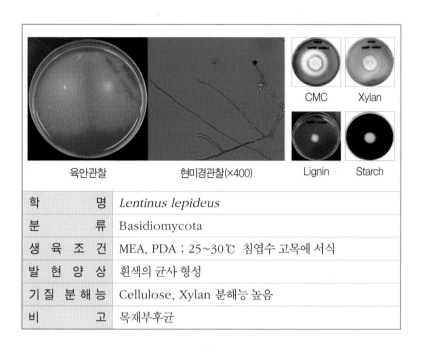

CMC Xylan

Lignin Starch

육안관찰	현미경관찰(×400)	

학 명	*Lentinus lepideus*
분 류	Basidiomycota
생 육 조 건	MEA, PDA ; 25~30℃ 침엽수 고목에 서식
발 현 양 상	흰색의 균사 형성
기 질 분 해 능	Cellulose, Xylan 분해능 높음
비 고	목재부후균

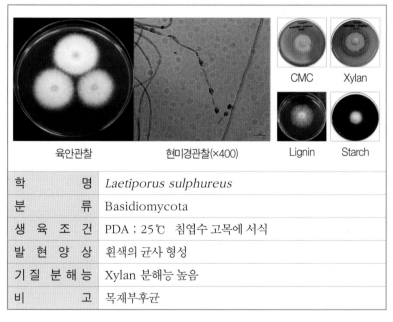

CMC Xylan

Lignin Starch

육안관찰	현미경관찰(×400)	

학 명	*Laetiporus sulphureus*
분 류	Basidiomycota
생 육 조 건	PDA ; 25℃ 침엽수 고목에 서식
발 현 양 상	흰색의 균사 형성
기 질 분 해 능	Xylan 분해능 높음
비 고	목재부후균

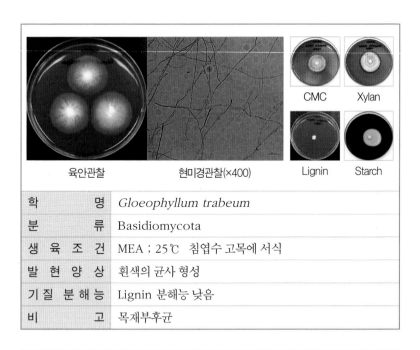

| 육안관찰 | 현미경관찰(×400) | CMC | Xylan |
| | | Lignin | Starch |

학 명	*Gloeophyllum trabeum*
분 류	Basidiomycota
생 육 조 건	MEA ; 25℃ 침엽수 고목에 서식
발 현 양 상	흰색의 균사 형성
기 질 분 해 능	Lignin 분해능 낮음
비 고	목재부후균

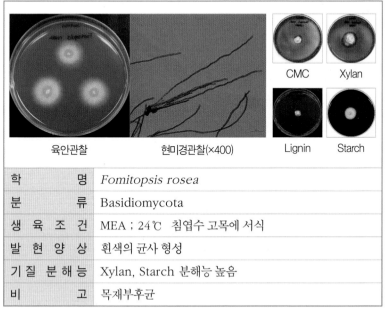

| 육안관찰 | 현미경관찰(×400) | CMC | Xylan |
| | | Lignin | Starch |

학 명	*Fomitopsis rosea*
분 류	Basidiomycota
생 육 조 건	MEA ; 24℃ 침엽수 고목에 서식
발 현 양 상	흰색의 균사 형성
기 질 분 해 능	Xylan, Starch 분해능 높음
비 고	목재부후균

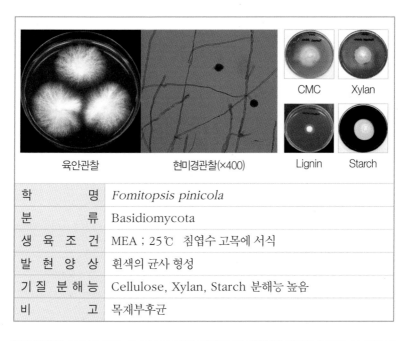

CMC　Xylan

Lignin　Starch

육안관찰	현미경관찰(×400)	

학　　　　　명	*Fomitopsis pinicola*
분　　　　　류	Basidiomycota
생 육 조 건	MEA ; 25℃　침엽수 고목에 서식
발 현 양 상	흰색의 균사 형성
기 질 분 해 능	Cellulose, Xylan, Starch 분해능 높음
비　　　　　고	목재부후균

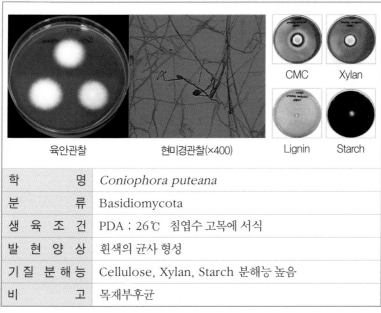

CMC　Xylan

Lignin　Starch

육안관찰	현미경관찰(×400)	

학　　　　　명	*Coniophora puteana*
분　　　　　류	Basidiomycota
생 육 조 건	PDA ; 26℃　침엽수 고목에 서식
발 현 양 상	흰색의 균사 형성
기 질 분 해 능	Cellulose, Xylan, Starch 분해능 높음
비　　　　　고	목재부후균

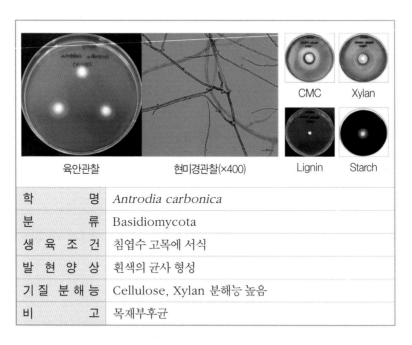

| 육안관찰 | 현미경관찰(×400) | CMC | Xylan |
| | | Lignin | Starch |

학 명	*Antrodia carbonica*
분 류	Basidiomycota
생 육 조 건	침엽수 고목에 서식
발 현 양 상	흰색의 균사 형성
기 질 분 해 능	Cellulose, Xylan 분해능 높음
비 고	목재부후균

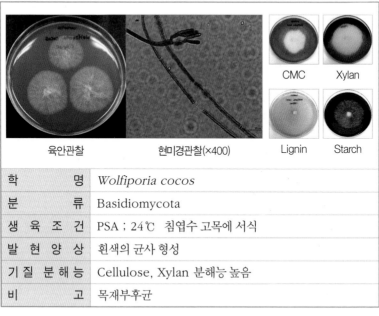

| 육안관찰 | 현미경관찰(×400) | CMC | Xylan |
| | | Lignin | Starch |

학 명	*Wolfiporia cocos*
분 류	Basidiomycota
생 육 조 건	PSA ; 24℃ 침엽수 고목에 서식
발 현 양 상	흰색의 균사 형성
기 질 분 해 능	Cellulose, Xylan 분해능 높음
비 고	목재부후균

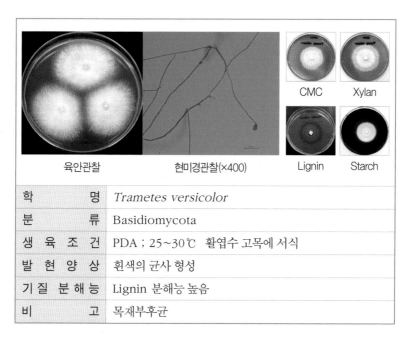

육안관찰	현미경관찰(×400)	
CMC	Xylan	
Lignin	Starch	

학 명	*Trametes versicolor*
분 류	Basidiomycota
생 육 조 건	PDA ; 25~30℃ 활엽수 고목에 서식
발 현 양 상	흰색의 균사 형성
기 질 분 해 능	Lignin 분해능 높음
비 고	목재부후균

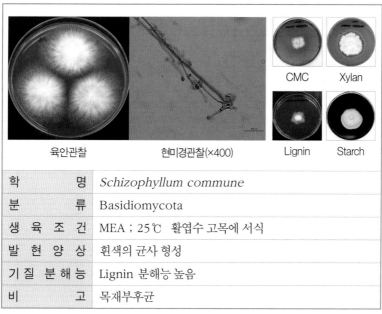

육안관찰	현미경관찰(×400)	
CMC	Xylan	
Lignin	Starch	

학 명	*Schizophyllum commune*
분 류	Basidiomycota
생 육 조 건	MEA ; 25℃ 활엽수 고목에 서식
발 현 양 상	흰색의 균사 형성
기 질 분 해 능	Lignin 분해능 높음
비 고	목재부후균

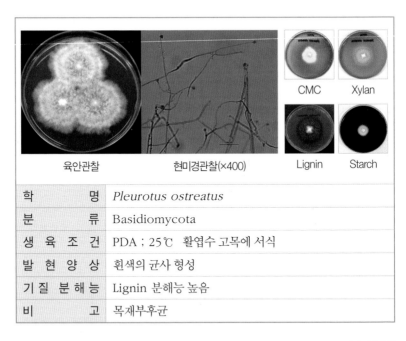

육안관찰	현미경관찰(×400)	CMC	Xylan
		Lignin	Starch

학 명	*Pleurotus ostreatus*
분 류	Basidiomycota
생 육 조 건	PDA ; 25℃ 활엽수 고목에 서식
발 현 양 상	흰색의 균사 형성
기 질 분 해 능	Lignin 분해능 높음
비 고	목재부후균

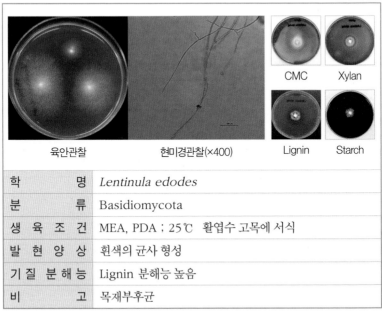

육안관찰	현미경관찰(×400)	CMC	Xylan
		Lignin	Starch

학 명	*Lentinula edodes*
분 류	Basidiomycota
생 육 조 건	MEA, PDA ; 25℃ 활엽수 고목에 서식
발 현 양 상	흰색의 균사 형성
기 질 분 해 능	Lignin 분해능 높음
비 고	목재부후균

생물방제 처리법 가이드라인

1. 훈증법

본래 훈증처리는 수입 목재와 함께 국내로 유입되는 유해 생물을 제거하기 위하여 사용된 방법에서부터 발전되었다. 국내에서는 1982년부터 처음으로 문화재를 대상으로 훈증처리를 실시하게 되었고 충균 등 가해생물로부터 문화재의 손상을 줄일 수 있게 되었다. 훈증제의 장점은 첫번째로 약제가 기체이므로 위약한 재질과 복잡한 구조의 유물을 손대지 않고 균일하게 살충·살균 처리가 가능하기 때문이다. 두 번째로는 침투성이 뛰어나 유물의 심층부까지 침투하여 살충·살균 처리가 가능하기 때문이고, 세 번째로는 훈증제는 빨리 배출되므로 약제와 유물 간의 접촉 시간이 짧다는 장점을 가지고 있기 때문이다. 단, 훈증제는 잔류성이 없으므로 훈증 후 방충·방균에 대한 대책을 강구하여야 한다.

가. 훈증처리의 구분

1) 상압훈증

가) 피복훈증 : 대형건조문화재, 목조건조물의 해체 부재, 대량의 수장품을 일괄 살충 살균 처리 시 적용. 목조건조물이나 대량의 유물인 경우에 0.3mm 이상의 타포린 천막 또는 염화비닐 0.2mm 이상을 이용하여 완전히 피복 밀폐한 후 처리하는 방법.

나) 밀폐훈증 : 수장고나 박물관, 서고 내 전체를 살충·살균 처리 시

적용.

밀폐도가 양호한 시설에 환기구·출입구 및 각종 배관 등을 염화비
닐, 특수테이프 및 실리콘 등을 사용하여 밀폐한 후 처리하는 방법.

다) 포장훈증 : 회화, 고서류, 목조각 등 소량의 미술공예품을 살충·
살균 처리 시 적용

소량·소형 유물을 모아 염화비닐 및 특수테이프를 이용하여 포
장 밀폐한 후 처리하는 방법.

2) 감압훈증

문화재를 진공 챔버에 넣고 감압 조건에서 실시하므로 진공 챔버에
넣을 수 있는 소형의 문화재를 살충·살균 처리 시 적용. 감압 탱크 안에
유물을 넣고 내부를 감압한 후 처리 하는 방법(유물의 크기가 제한됨).

나. 훈증처리에 필요한 기기 및 약품

1) 기기

기화기, 가스검정기, 검지관, 측정기, 누출탐지기, 전자검지기, 방폭
형 팬, 산소호흡기, 방독면, 저울, 온도계

2) 훈증제 : 하이겐 M 가스(Methyl bromide 86% + Ethylene oxide 14%의 혼합가스)

- Methyl bromide : 해충 및 충란 살충용
- Ethylene oxide : 곰팡이 및 해충 살충살균용

다. 훈증처리조건

　문화재의 훈증처리는 목적(살충, 살균), 훈증용적(m^3), 훈증시간, 주변온도(℃), 훈증제 및 사용량(kg, g) 등으로 결정되며 훈증제의 투약과 처리 시간은 훈증 방법과 계절적인 환경에 따라 달라진다.

1) **훈증약제** : Methyl bromide(CH_3Br) + Ethylene oxide(C_2H_4O)

2) **투약량** : 대상 시설물의 내부 용적을 실측하여 산출한 훈증 용적에 맞춤
  - 살충·살균처리 시 100g/m^3
  - 살충처리 시에는 35g/m^3

3) **소독시간** : 투약 시 내부 온도를 기준으로 함
  - 살균처리 시 25℃ 이상에서 24시간, 20~25℃에서 48시간, 20℃ 이하에서 72시간
  - 살충처리 시 20℃ 이상에서 24시간, 20℃ 이하에서 48시간

4) **준비작업**
  가) 공조시설, 전기배관, 환기구 등을 면밀히 조사하여 실리콘 및 특수테이프로 밀폐하고 출입구, 창문 등에는 비닐 및 특수테이프를 사용하여 밀폐시킨다.
  나) 밀폐자재는 두께 0.2mm 이상의 염화비닐, 밀폐용 특수테이프, 실리콘 등을 사용하여 훈증대상 시설물을 완전하게 밀폐한다.

다) 훈증약제는 비중이 무거우므로 밀폐된 시설물 내부에 방폭형 팬을 설치하여 약제의 확산 및 농도의 균일화를 촉진시킨다.

라) 밀폐한 시설물 내부에는 상, 중, 하단 3개소에 농도측정용 호스를 설치하여 외부에서 정기적으로 훈증 중 가스농도를 측정할 수 있도록 한다.

마) 훈증효과 확인용 시료로 공시충(쌀바구미, *Sitophilus oryzae* L.)과 공시균(검은 곰팡이, *Aspergillus niger*)를 훈증시설물 내부 상, 중, 하단 3개소에 설치하여 훈증완료 후 훈증효과를 확인할 수 있도록 한다.

바) 훈증시설물 외부에는 경고문, 경계줄을 설치하여 인축의 접근을 통제한다.

5) 훈증실시

가) 훈증약제 투약 전에 밀폐 부위를 면밀히 점검하고 밀폐 상태를 확인한 후 약제를 투약하며 훈증처리 시간 동안 일정한 농도를 유지하도록 약량을 분할하여 투약하도록 한다.

나) 혼합가스는 액화상태이므로 간열기화기를 이용하여 기화시켜 투약하며 작업원은 유기가스용 정화통을 연결한 전면형 방독마스크를 필히 착용한다.

다) 훈증 중에는 이연식 18형 간섭계형 가스검정기를 이용하여 정기적으로 내부의 가스농도를 측정하며 농도가 기준농도 이하로 저하 시에는 보충투약을 실시한다.

라) 훈증 중에는 가스누출 예상 장소에 Gastec tube, Hailed leak

detector, Gas leak checker 등을 이용하여 가스누출여부를 정기적으로 점검하며 가스누출 시에는 즉시 밀폐보완작업을 실시한다.

6) 가스배기 작업

가) 훈증 종료 후에는 팬 및 덕트를 이용하여 가스를 안전한 곳으로 배출한다.

나) 훈증가스가 흡착된 곳에는 팬을 이용하여 가스의 탈착을 촉진시키고 24시간 이상 개방 방치하여 가스가 완전히 탈착되도록 한다.

다) 잔류가스농도는 Gastec-tube를 사용하여 측정하고 미국 ACGIH에서 규정한 허용 농도 5ppm 이하임을 확인한 후 훈증 작업을 종료한다.

7) 훈증효과 확인

가) 살충효과 확인은 공시충(쌀바구미, *Sitophilus oryzae* L.)을 넣은 시료병을 훈증 시설물 내부 상, 중, 하 3개소에 설치하고 훈증완료후 수거하여 상온에서 3~5일간 사육하여 살충유무를 판정한다.

나) 살균효과 확인은 공시균(검은곰팡이, *Aspergillus niger*)을 넣은 시료병을 훈증시설물 내부 상, 중, 하 3개소에 설치하고 훈증완료후 수거하여 25℃에서 5~7일간 배양하여 살균 유무를 확인한다.

8) 훈증제의 종류

가) 혼합가스[Methyl Bromide + Ethylene Oxide]

- CH_3Br + $(CH_2)_2O$ (분자량 81.72)
- 비 점 : 4.6℃
- 문화재 훈증소독에 사용함.
- 살충·살균력이 우수함.
- 침투력이 강하여 대상물 심부까지 살충·살균작용을 함.
- 약해가 거의 없어 원형과 색상에 영향이 없음.

나) Phosphine(상품 : Phostoxin, 에피훔)

- Ph_3(분자량 34.00)
- 비 점 : -87.4℃
- 정제·분제로 되어 있어 사용이 용이함.
- 살충력이 강하나, 살균력은 거의 없음.
- 회화의 안료 변색 및 동, 놋쇠, 은제품에 심각한 부식을 초래하므로 문화재 훈증소독에는 부적합함.

다) Sulfuryl Fluoride(상품 : VIKANE)

- SO_2F_2(분자량 102.07)
- 비 점 : -55.2℃
- 약해가 비교적 적음.
- 저온 시 훈증처리에 편리함.
- 살균력이 약함.
- 흰개미, 바퀴벌레 방제에 사용되고 있음(미국).

라) 에키훔 가스(산화에틸렌 C_2H_4O 14% + HFC134-a 86%), 아이오가드 가스(CH_3I) 등

9) 훈증소독작업 안전대책

훈증소독 시에는 제반 위해방지규정을 준수 안전대책을 강구하여 안전사고 예방에 만전을 기하여 시공사 측 안전요원을 상주시키도록 하며 가스누출의 위험성이 있을 시에는 24시간 안전요원을 상주시키도록 한다. 훈증가스 투약 시 가스 투입 후 2시간이 가스의 확산이 활발하여 가장 위험한 시기임으로 특히 안전에 만전을 기하도록 한다. 가스 배기는 외부의 안전한 곳으로 배기하도록 한다.

가) 밀폐 훈증처리 시에는 창문, 전기배관, 환기구 등을 면밀히 조사하여 실리콘 및 특수 테이프로 밀폐하고 출입구, 창문 등에는 비닐 및 특수테이프를 사용하여 완전 밀폐시킨다.

나) 훈증약제는 비중이 무거우므로 밀폐된 시설물 내부에 방폭형 팬을 설치하여 약제의 확산 및 농도의 균일화를 촉진시킨다.

다) 밀폐한 시설물 내부에는 상, 중, 하단 3개소에 농도 측정용 호스를 설치하여 외부에서 정기적으로 훈증 중 가스농도를 측정할 수 있도록 한다.

라) 혼합가스는 액화 상태이므로 간열기화기를 이용하여 기화시켜 투약하며 작업원은 유기가스용 정화통을 연결한 전면형 방독마스크를 필히 착용한다.

마) 훈증 중에는 이연식 18형 간섭계형 가스검정기를 이용하여 정기적으로 내부의 가스 농도를 측정하며 농도가 기준농도 이하로 저하 시에는 보충투약을 실시한다.

바) 훈증 중에는 가스누출 예상되는 장소에 대하여 Gastec, Halide

leak detector, Gasleak checker 등을 이용하여 가스누출여부를 정기적으로 점검하며 가스 누출 시에는 즉시 밀폐 보완작업을 실시한다.

사) 훈증 종료 후에는 활성탄챔버를 통해 고농도의 가스를 흡착시킨 후 팬 및 덕트를 이용하여 가스를 안전한 곳으로 배출한다.

아) 훈증가스가 흡착된 곳에는 팬을 이용하여 가스의 탈착을 촉진시켜 가스가 완전 탈착되도록 한다.

자) 잔류가스농도는 Gastec-tube를 사용하여 측정하고 5ppm 이하(미국 ACGIH에서 규정한 허용 농도)임을 확인한 후 훈증작업을 종료한다.

2. 흰개미 방제

1) 흰개미군체제거 예찰제어기 시스템(HGM)

흰개미군체제거 센트리콘 시스템과 기본 원리는 동일하지만, 국내 서식 중인 일본흰개미(Japanese termite)가 선호하는 소나무로 제작하고 원통형 홈을 설치하여 흰개미가 쉽게 유인되도록 하였으며, 유인체를 꺼내지 않고 육안으로 흰개미의 가해 여부를 확인할 수 있다. 따라서 HGM 설치 후 주기적인 관찰을 통해 주변 산림이나 토양에 흰개미의 서식 여부를 알 수 있어 사전예방의 효과도 있다.

가) 일반사항

① 본 시방은 흰개미 군체제거제어기(HGMS)의 설치와 운영에 적

용한다.

② 흰개미군체제거제어기(HGMS) 설치 및 운영 장소는 흰개미 활동이 확인 또는 예상되는 지역으로 한다.

③ 설치 및 운영은 다음과 같이 구분하여 지정된 기간 내에 실시한다.

- 흰개미군체제거제어기(HGMS) 설치

- 설치 후 : 최초 30일되는 날에 1차 점검 후 동절기를 제외한 매 60일 간격으로 모니터링을 실시한다.

④ 모든 작업은 사전에 인원 및 문화재에 대한 안전대책을 강구한 후 실시한다.

⑤ 설치 중 유의사항

- 작업자는 행동 및 복장에 대하여 문화재 및 관람객에 피해를 주는 행위를 해서는 안된다.

- 설치 중에는 안전관리 대책을 수립하고 안전장비 및 구급약품을 비치하여야 한다.

- 설치 중 관련 행사와 중복이 될 경우에는 그 기간 및 방법을 공사 감독관과 협의하여 시행토록 한다.

- 설치 중 시멘트, 콘크리트 등의 존재로 인하여 토양 천공 작업에 무리가 있다고 판단 될 경우에는 공사 감독관과 협의 후 공사 감독관의 지시에 따라 진행한다.

나) 사전검사 및 공사 준비

① 설치 대상 건물에 대하여 공사 시행 전에 흰개미의 피해 증상으로 추정되는 외부로 나타난 건물의 균열, 건축 구조물의 목재 부

분에 대한 가해 정도를 조사한다.

② 설치 예정인 건물 주변의 토양 상태에 따른 HGMS 설치의 문제점을 사전에 조사하여 설치지역을 계획한다.

③ 공사 지역이 문화재 보호지역인 점을 감안하여 관람객을 보호하고 작업의 원활한 진행을 위하여 공사 기간 중에는 필요에 따라 공사 관계자 외에는 접근을 통제할 수 있는 보호시설을 설치하도록 한다.

④ 공사로 인한 건물에 피해가 예상될 경우에는 사전에 안전한 보호 조치를 준비한 후 공사를 진행한다.

다) 사용재료 및 기준

① 흰개미 방제를 목적으로 흰개미군체제거제어기(HGMS)를 적용하며 다음의 3가지 주요 자재를 사용한다.

- HGMS Station

- Monitoring Cartridge

- Bait Cartridge

② 외부에서 흰개미의 침입이 가능한 경로와 설치 여건을 감안하여 건축물에 직접적인 접촉이 없이 토양상태에 따라 Station 설치가 가능한 토양층에 적용하여 중요 건물 주변에 설치선을 설치한다.

(1) 건물주변에 1.5~2m 간격(사찰(권역) 담장 둘레는 3m)으로 설치하고, 토양에 콘크리트 및 시멘트 등의 존재 시 다이아몬드 카터 또는 해머드릴을 이용한 직접 천공 또는 공사 감독관과 협의하여 주변 토양에 처리한다.

(2) HGMS Station에는 목재 원통형 유인목제를 설치한다.

(3) 설치 후 Monitoring은 45일이 경과된 후 실시하며 흰개미
의 활동조사(Monitoring) 결과에 따라 살충제가 적정 농도
로 함유된 흰개미 방제 Bait Cartridge를 흰개미의 활동이
확인된 Station Monitoring Cartridge와 교제 투입한다.

라) 흰개미군체제거제어기 설치

① 작업자는 공사 전에 설치 자재와 설비의 준비 상태를 공사감독관
으로부터 확인을 받는다.

② Station 설치는 사용기준에 의거하여 설치한다.

③ 작업자는 설치 예정 지점에 수동이나 원동 드릴을 사용하여 Sta-
tion이 설치될 수 있는 적절한 원통형 구멍(60mm)을 토양 중에
만든다.

④ 각 Station에는 유인목재와 Monitoring Cartridge를 사전에 조
립을 한 후 천공된 토양 내 원통형 구멍에 설치한다.

⑤ 설치된 Station에는 식별할 수 있는 번호를 표시하여 시스템 관
리에 활용한다.

마) 흰개미군체제거제어기 운영(베이트 투약)

① 각 Station의 Monitoring Cartridge에 대한 다음 사항에 대하여
외관으로 관찰하여 조사하며 필요에 따른 적절한 조치를 실행한다.
- Monitoring Cartridge의 확인 창에 나타난 변화추이 확인
- Monitoring Cartridge 분리 후 흰개미의 개체수 분석
- Monitoring Cartridge 분리 후 Monitoring Device의 섭식량

- Monitoring Cartridge 분리 후 타 곤충 발견 여부

② Monitoring을 통하여 흰개미의 적정한 섭식활동이 확인된 Station에 대하여 흰개미 방제 Bait인 Bait Cartridge를 Monitoring Cartridge와 교체하여 투입한다.

③ Baiting 후에도 매회 45일 간격으로 Bait에 대한 흰개미의 섭식 활동을 다음 사항을 추가하여 Monitoring 방법과 동일하게 지속적으로 실시한다.

- 베이트(Bait) 섭식량
- 흰개미의 외관적 변화(색깔, 활동력)

④ 일정량이 섭식된 Bait는 흰개미의 섭식량을 감안하여 적절하게 군체제거가 완료될 때까지 새로운 Bait Cartridge로 교체하여 추가적인 섭식을 유도한다.

⑤ 군체제거가 완료되었다고 판단되면 새로운 Monitoring Cartridge로 교체하여 Monitoring 작업으로 전환한다.

⑥ 군체제거의 효과 판단은 Window system(무처리 기준 비교 평가방법)을 적용하여 지정된 무처리 기준 Station에 대한 3개월간 Monitoring을 한 결과와 전체 Station의 Monitoring과 Baiting 결과를 종합하여 판정한다.

⑦ 모든 운영 작업은 숙련된 기술자가 포함된 2인이 1조로 실시한다.

2) 흰개미군체제거 센트리콘 시스템

흰개미 활동이 확인된 지역이나 의심되는 지역에서 군체제거시스템 설치 및 운영하는 것으로 친환경적인 방법으로서 흰개미군체제거

시스템 설치 후 모니터링 및 베이팅을 매 45일 간격으로 실시하여 건조물 부근의 흰개미 군체를 구제하는 방법이다. 이 모든 작업은 사전에 인원 및 문화재에 대한 안전대책을 강구한 후 실시한다.

가) 사전검사 및 공사 준비

① 설치 대상 건물에 대하여 공사 시행 전에 흰개미의 피해 증상으로 추정되는 외부로 나타난 건물의 균열, 건축 구조물의 목재 부분에 대한 가해 정도를 조사한다.

② 설치 예정인 건물 주변의 토양 상태에 따른 Station 설치의 문제점을 사전에 조사하여 설치지역을 계획한다.

③ 공사 지역이 문화재 보호지역인 점을 감안하여 관람객을 보호하고 작업의 원활한 진행을 위하여 공사기간 중에는 필요에 따라 공사관계자 외에는 접근을 통제할 수 있는 보호시설을 설치하도록 한다.

④ 공사로 인한 건물에 피해가 예상될 경우에는 사전에 안전한 보호조치를 준비한 후 공사를 진행한다.

나) 사용재료 및 기준

① 흰개미 방제를 목적으로 군체제거시스템의 Global In-Ground Station을 적용하며 다음의 3가지 주요자재를 사용한다.

- Global In-ground Station
- Monitoring Device
- 흰개미 방제 베이트

② 외부에서 흰개미의 침입이 가능한 경로와 설치 여건을 감안하여 건축물에 직접적인 접촉이 없이 토양상태에 따라 Station 설치가 가능한 토양층에 적용하여 중요 건물 주변에 설치선을 설치한다.

- 건물주변에 2m 간격으로 설치하고, 토양에 콘크리트 및 시멘트 등의 존재 시 다이아몬드 카터 또는 해머드릴을 이용한 직접 천공 또는 공사 감독관과 협의하여 주변 토양에 처리한다.
- 각각 Global In-Ground Station에는 목재 원통형 절편 2개가 1조(총 4개)로 구성된 Monitoring Device 2조를 상부와 하부로 나누어 설치한다.
- 설치 후 Monitoring은 45일이 경과된 후 실시하며 흰개미의 활동조사 결과에 따라 IGR(Insect Growth Regulator) 살충제인 Hexaflumuron 0.05%가 함유된 흰개미 방제 베이트를 흰개미의 활동이 확인 된 Station에 투입한다.

다) 흰개미군체제거시스템 설치

① 작업자는 공사 전에 설치 자재와 설비의 준비 상태를 공사감독관으로부터 확인을 받는다.

② Station 설치는 사용기준에 의거하여 설치한다.

③ 작업자는 설치 예정 지점에 수동이나 원동 드릴을 사용하여 Station이 설치될 수 있는 적절한 원통형 구멍을 토양 중에 만든다.

④ 각 Station에는 2조의 Monitoring Device를 상부와 하부로 나누어 투입하여 사전에 조립을 한 후 준비된 토양 내 원통형 구멍에 설치한다.

⑤ 설치된 Station에는 식별할 수 있는 번호를 표시하여 시스템 관리에 활용한다.

라) 흰개미군체제거시스템 운영(베이트 투약)

① 각 Station의 Monitoring Device에 대한 다음 사항에 대하여 외관으로 관찰하여 조사하며 필요에 따른 적절한 조치를 실행한다.
  • 흰개미의 개체 수
  • Monitoring Device의 섭식량
  • 타 곤충 발견 여부

② 모니터링을 통하여 흰개미의 적정한 섭식 활동이 확인된 Station에 대하여 흰개미 방제 베이트를 상부의 Monitoring Device 1조와 교체하여 투입한다.

③ 베이팅 후에도 매회 45일 간격으로 베이트에 대한 흰개미의 섭식 활동을 다음 사항을 추가하여 모니터링 방법과 동일하게 지속적으로 실시한다.
  • 베이트 섭식량
  • 흰개미의 외관적 변화(색깔, 활동력)

④ 일정량이 섭식된 베이트는 흰개미의 섭식량을 감안하여 적절하게 군체제거가 완료될 때까지 새로운 베이트로 교체하여 추가적인 섭식을 유도한다.

⑤ 군체제거가 완료되었다고 판단되면 새로운 Monitoring Device로 교체하여 모니터링작업으로 전환한다.

⑥ 군체제거의 효과 판단은 Window system(무처리 기준 비교 평

가방법)을 적용하여 지정된 무처리 기준 Station에 대한 3개월간 모니터링을 한 결과와 전체 Station의 모니터링과 베이팅 결과를 종합하여 판정한다.

⑦ 모든 운영 작업은 숙련된 기술자가 포함된 2인이 1조로 실시한다.

3) 토양처리

흰개미는 이동시 지하로(땅속) 이동하는 습성을 이용한 방법으로 건조물 주위에 일정한 간격을 두고 땅속에 약제를 주입하는 방법이다.

가) 사용 재료 및 기준

① 흰개미 살충을 위한 토양처리공사(거품 처리법, Foaming)에 사용되는 약제는 Bifenthrin 7.9%제재로서 흰개미 살충 전용약제에 물을 130배 희석 한 후 희석액을 거품화 하는 거품활성제(Foaming agent)를 희석액에 2% 내외로 넣고 잘 혼합한 후 사용한다.

② 약품은 땅에 골고루 잘 퍼져야 하며, 땅에 퍼진 후에는 최소 일정 기간 동안 약효에 지속성을 가져야 하고, 토양과 점착이 되어 빗물이나 눈 등에 쉽게 쓸려가지 않아야 한다.

나) 사전검사 및 공사 준비

① Foaming작업을 시작하기 전 건물의 크랙부분, 기단 석축배열, 건물 내부의 바닥 상태 등을 사전 조사하여 약제가 효율적으로 침투, 분포되도록 한다.

② 외부기둥 주위의 바닥으로부터 50cm 이상 높이까지 비닐 등으로 보호 덮개를 설치하도록 한다.

다) Foaming 공사

① 작업자는 약품을 희석하기 전 공사감독자의 확인 아래 약품성분, 약품량 등을 사전검사 후 정량 희석하여야 한다(물에 130배 희석).

② 물에 130배 희석한 살충약제에 거품활성제를 넣고 골고루 희석될 수 있도록 혼합작업을 한다(약품 혼합기 이용).

③ 혼합된 약제를 Foaming 전용 혼합기에 넣고 자체 내에 부착된 압축기에 의하여 $8kg/cm^2$의 범위 내에서 토양의 상태와 약품 살포환경에 따라 충진압을 올린다.

④ 약품주입은 Ground용 Sub-injector를 사용하며 Tip은 슬라브용, 크랙용, 잔디용을 필요에 따라 교체하여 사용한다.

⑤ 약품의 침투범위는 투입지점에서 60cm 이상 범위까지 퍼질 수 있도록 하며, m^2당 희석액 기준 20L 이상 살포될 수 있도록 한다.

⑥ 천공구는 30cm 간격으로 상·하 서로 엇갈리게 천공하며 지상에서 50cm 정도로 천공한다.

⑦ 건물주변의 측면(동·서면) 및 전·후면 주위에 일정한 간격으로 Sub-injector를 이용하여 주입하여야 한다.

4) 일반소독

최근 박물관에서 일반소독을 실시하고 있는 곳이 있는데 소독을 실시 할 경우 일반소독약제는 대부분 액상이고 잔류성이 있는 약제이므로 유물과 접촉할 경우 유물과의 화학적인 반응과 과습의 위험성이 있으므로 유물과 직접 접촉하지 않도록 주의를 해야 한다.

가) 일반소독의 방법

① 독미끼(Posion bait) - 저작구를 가진 해충이나 유해동물을 구제하기 위하여 독성물질을 대상 해충이 좋아하는 먹이와 섞어 유인하여 소화기관을 통하여 치사시키는 방법이다. 해충의 밀도가 높을 때는 이 방법만으로 만족할 만 한 구제 효과를 얻기가 어렵다. 이 방법을 사용할 때는 어린이, 애완동물, 가축이 섭취하지 않도록 특별히 주의해야 한다. 독미끼에는 바퀴와 개미용 등이 시판되고 있다.

② 잔류분무(Residual spray) - 곤충이 서식하거나 출몰하는 장소의 표면에 유액, 용액 또는 현탁액을 비산 직경 100~400μ으로 살포하여 접촉 작용을 통하여 곤충을 치사시키는 방법이다. 제한된 장소나 실내에 분무 할 때는 휴대용 수동식 분무기가 좋으나 옥외에서 대규모로 분무하는 경우에는 동력 분무기를 사용해야 한다. 잔류분무 할 때 수동식 분무기의 탱크 압력은 40psi(40lbs/inch)가 적당하며 분무기와 살포면과의 거리는 46cm가 적당하다. 탱크의 압력이 너무 높거나 살포 거리가 가까우면 살충제가 튀기 때문에 필요 없는 장소를 오염시킨다. 실내에서 잔류분무 할 때 전기 스위치나 전원에 분무하지 않도록 특히 주의해야 한다. 그리고 가능하면 창문을 열어 놓고 작업 하는 것이 좋다.

③ 공간연무(Space aerosoligh) - 용액 또는 유액 상태의 살충제

를 비산 직경 50μ 이하의 크기로 공간에 분무 확산하여 접촉 작용을 통하여 곤충을 치사 시키는 방법이다. 이때 살충제 입자가 너무 크면 부유하지 않고 낙하하며, 너무 작으면 증발하거나 곤충에 부착하여도 위력이 없다. 공간연무 방법은 분사하는 방법의 원리에 따라 에어로솔(aerosol bomb), 가열연무(thermal fog) 및 초미량 연무(ULV application)로 나누며 살포 장소에 따라 실내연무와 야외연무 또는 지상 연무와 공중 살포로 나눌 수 있다. 잔류 효과가 없는 것이 공간연무의 단점이다.

4) 방충방균제

훈증처리는 가해생물을 일시에 살멸하는 수단으로 매우 우수한 방법이나 약제가 가스체로써 약제가 재질 내에 잔류하지 않는 장점과 동시에 효과를 장기간 지속할 수 없는 단점이 있다. 이를 보완하기 위해서 저독 잔류성 방충·방균제를 사용하면 효과적이다. 다음의 표와 같은 방충·방균제가 있으나 생물 방제에 사용하기 위해서는 유물의 재질에 대한 약해 등을 사전에 조사하는 것은 필수적이다.

붙임 4 목조건축물 소유자 조사카드 양식

항 목	체 크	피해유형	가해해충	대응책
목부재에서 창살 모양의 긴 구멍이 발견된다.	□ 예	기둥 하부 또는 하방·목재에 빈틈이 있거나 옆으로 긴 구멍이 발견된다.	흰개미	건물 주변에 목재시편을 박아두고 주기적으로 관찰하여 흰개미 서식이 확인될 경우 방충방부 및 훈증처리를 실시하고 군체제거시스템을 설치한다.
	□ 아니오	-	-	-
목부재에서 구멍이 발견된다.	□ 예	1~2mm의 작은 구멍이 있고 손으로 만졌을 때 나무가루가 묻어나온다.	좀류 (넓적나무좀)	방충방부 및 훈증처리를 실시한다.
		2~4mm의 구멍이 있고 기둥이 건조하다.	권연벌레	
		5mm 이상의 큰 구멍이 있으며 흙으로 메워진 구멍도 있다.	구멍벌	목재에 손상을 주지는 않으나 피해가 많을 경우에는 주변 화단을 정리하여 벌의 유입을 줄인다.
	□ 아니오		-	-
기둥 하부를 두드렸을 때 텅 빈 소리가 난다.	□ 예	기둥 하부 목재에 빈틈이 있거나 옆으로 긴 구멍이 확인된다.	흰개미	건물 주변에 목재시편을 박아두고 주기적으로 관찰하여 흰개미 서식이 확인될 경우 군체제거시스템을 설치하거나 훈증처리를 한다.
	□ 아니오		-	-
건물 내부에서 4~5월경 검은날개를 가진 벌레가 날아다닌다.	□ 예	건물 내부의 목부재 구멍으로부터 벌레가 기어나온다.	흰개미	흰개미가 건물 내부에서 활동이 활발히 가해중이므로 훈증처리 및 방충방부처리를 한다.
	□ 아니오		-	-
천정이나 벽체 등에 붉은 자국이 보인다.	□ 예	목부재나 벽지 등에 검은색 또는 푸른색의 반점이 보인다.	곰팡이	벽지, 장판을 걷어내고 방균제 처리를 한다.
	□ 아니오		-	-

목조건축물 관리자 조사카드 양식

(1) 기본 정보

명 칭		조 사 일	
소 재 지		작 성 자	
유형구분	☐ 궁 ☐ 능 ☐ 사찰 ☐ 서원 ☐ 향교 ☐ 민속마을 ☐ 기타 ( )		
주변환경	☐ 도심 ☐ 도심외곽 ☐ 임야(들판) ☐ 산 ☐ 계곡 ☐ 저수지 ☐ 강 ☐ 해안		
난 방	☐ 기름보일러 ☐ 전기보일러 ☐ 온돌 ☐ 없음 ☐ 기타 ( )		
온 돌	☐ 사용 ☐ 있으나 사용안함 ☐ 없음		
문	☐ 유리 ☐ 창호지 ☐ 비닐 ☐ 없음 ☐ 기타 ( )		
장 판	☐ 카펫 ☐ 비닐장판 ☐ 전기장판 ☐ 없음 ☐ 기타 ( )		
환 기 구	☐ 있음 ☐ 있으나 막혀있음 ☐ 없음 ☐ 기타 ( )		
건물양식	☐ 전통양식 ☐ 개량식 ☐ 기타 ( )		
기 단	☐ 자연석 ☐ 치석 ☐ 장대석 ☐ 콘크리트		
초 석	☐ 자연석 ☐ 치석 ☐ 장대석 ☐ 콘크리트		
개량시설	☐ 현대식 화장실 ☐ 현대식 주방시설 ☐ 현대식 세탁시설 ☐ 창고 ☐ 기타 ( )		

(2) 주변 현황

구 분	세부사항	비 고
배 수	□ 전체적으로 있음 □ 부분적으로 있음 ( ) □ 없음	
그루터기	□ 1~2기 □ 3기 이상 □ 없음 □ 기타 ( )	
담 장	□ 3m 이내 □ 10m 이내 □ 없음 □ 기타 ( )	

(3) 관리 현황

구 분	세부사항	비 고
가스훈증	□ 1년 이내 □ 5년 이내 □ 없음 □ 주기적으로 실시함 (회) □ 기타 ( )	
방제처리	□ 원목재 □ 보수재 □ 없음 □ 기타 ( )	
토양처리	□ 실시했음 □ 없음 □ 기타 ( )	
군체제거 시스템	□ 있음 □ 있으나 사용하지 않음 □ 없음 □ 기타 ( )	

문화재 생물학

(4) 건물 손상 현황

구 분	세부사항	비 고
외부기둥	☐ 흰개미목 ☐ 빗살수염벌레과 ☐ 넓적나무좀과 ☐ 구멍벌과 ☐ 뒤영벌과(호박벌) ☐ 부후균 ☐ 표면오염균 ☐ 기타 ( )	
내부기둥	☐ 흰개미목 ☐ 빗살수염벌레과 ☐ 넓적나무좀과 ☐ 구멍벌과 ☐ 뒤영벌과(호박벌) ☐ 부후균 ☐ 표면오염균 ☐ 기타 ( )	
외부하방	☐ 흰개미목 ☐ 빗살수염벌레과 ☐ 넓적나무좀과 ☐ 구멍벌과 ☐ 뒤영벌과(호박벌) ☐ 부후균 ☐ 표면오염균 ☐ 기타 ( )	
마 루	☐ 흰개미목 ☐ 빗살수염벌레과 ☐ 넓적나무좀과 ☐ 구멍벌과 ☐ 뒤영벌과(호박벌) ☐ 부후균 ☐ 표면오염균 ☐ 기타 ( )	

(5) 개별 점검표

점검부	모니터링 사항	모니터링 결과	
		Yes	No
① 기둥	기둥 밑둥이 부식된 곳이 있는가?		
	손으로 만졌을 때 축축한 느낌이 나는 부분이 있는가?		
	두드렸을 때 다른 부분과 다르게 텅빈 소리가 나는 부분이 있는가?		
	부재에 벌레 등으로 인해 작은 구멍이 난 부분이 있는가?		
	곰팡이나 균류가 자라고 있는가?		
② 창호	곰팡이나 균류가 자라고 있는가?		
	벌레 등으로 인해 작은 구멍이 난 부분이 있는가?		
③ 바닥 (마루)	부식된 부재가 있는가?		
	마루 밑에 동식물의 서식 흔적이 있는가?		
	마루 밑은 잡물 등이 없이 청결한가?		
	마루 밑은 환기가 잘 이루어지고 있는가?		
	마루 밑에 나무 부스러기 흔적이나 흰개미의 흔적이 있는가?		
	마루 밑에 곰팡이, 균류 등이 자라고 있는가?		
④ 배수	배수로는 설치되었는가?		
	배수로의 청소 상태는 양호한가?		
	높낮이가 적정하여 배수 흐름이 좋은가?		
⑤ 기타 환경	건물 주변에 장작더미 등의 목재가 있는가?		
	건물 벽면에 배치된 물건 없이 깨끗하게 관리되고 있는가?		
	건물의 뒷면으로 초목이나 잡초가 우거져 있는가?		

문화재 생물학

(6) 기타 기록사항

-
-
-
-
-

(7) 관련 사진

붙임 6 석조문화재 생물침해 조사표

- 국립문화재연구소 발간 『석조문화재 생물침해와 처리방안』 조사기록카드

명 칭			지 정 번 호	
소재지 및 장소명			조사일/시간 및 기후	
조 사 목 적				
석 조 문 화 재 의 종 류	석탑 석비 부도 마애불 당간지주 기타_____ 공예품 (국내/국외) ∨			
제작시대	석기☐ 고조선☐ 삼국☐ 통일신라☐ 고려☐ 조선☐ 근대☐ ∨			
석재재질	화강암☐ 대리암☐ 사암☐ 응회암☐ 퇴적암☐ 기타_____☐ ∨ 두가지 이상 : _____ 문양 : 유☐ / 무☐ ∨ 문양 상태 : 양각☐/ 음각☐ ∨			
석 조 문 화 재 현 황	석재보존상태	90% >☐ 70% >☐ 50% >☐ 40% <☐ ∨		석조물 전체 크기에 비례한 보존
	석재풍화상태	D-1☐ D-2☐ D-3☐ D-4☐ ∨		석재풍화 등급 참조
	생 물 피 도	80% >☐ 60% >☐ 40% >☐ 20% <☐ ∨		
	생 물 종	조류☐ 지의류☐ 이끼류☐ 수근식물☐ ∨		
	주 변 환 경	도심☐ 도심외곽☐ 임야(들판)☐ 산☐ / 저수지☐ 강☐ 늪지☐ ∨		
	주변수목거리	m	인근수계거리	m
	석조물 사진		주변환경 사진